# 猫はふしぎ

今泉忠明

イースト新書Q
Q007

# はじめに　ネコに愛される人、それはネコを知り尽くした人である

なぜか、かわいいネコに好かれる人がいます。その人がネコ好きというわけではないのに、ネコの方から寄ってくるような人です。ネコが大好きで堪らない……という人よりも、無関心な人の方がネコからは好かれたりして、ネコ好きの人は羨ましい思いをしたこともあるでしょう。

そういった人には総じて共通点があります。それは、ネコが嫌がることをしないことです。「嫌がることをしない」、これはやさしいようで案外難しい問題です。なぜなら、ネコの気持ちを察することができなくてはなりません。ネコが嫌がること、それはたとえばキャーキャーうるさいこと、にらむようにじっとみつめられること、やたらちょっかいを出されることなどです。これは私たち人でも嫌だと思うようなことですね。

しかし、ただネコと人は嫌がることが同じなのだと思ってしまうと、ネコと人との同一視が生まれてきます。確かにネコには人と同じように感じる部分がありますが、違う部分も少なくないということを私たちは忘れがちです。

そもそもネコと人は生まれも育ちもまったくちがう生き物です。それでも仲良しになったというのは、考えてみればとても不思議なことです。イヌも人と暮らすようになった動物ですが、ネコとは仲良しになったきっかけが違います。イヌは番犬、猟犬として仲間的存在ですが、ネコはネズミを捕らえているうちにいつの間にか人と暮らしていたという同居人的な存在です。ですからとくに命令されるわけでもなく、嫌ならプイッと出かけていってしまいます。これが、ネコの「野生」です。

一方で、人と暮らすうちにしたたかな面を持つようにもなりました。それは大人ネコでも見せる「子ネコ的甘え」です。たとえば、何かして欲しいときだけ人のそばに寄り子ネコのような声で鳴きます。すると、オヤツを貰えたり撫でてもらえたりとたいていいいことがあるということを覚え、気まぐれに甘える習性が身につきました。いわば、「ペット」としての性質です。

このように、ネコの心には相反する気分があります。それは野生とペットだけでなく大人ネコと子ネコの気分もあり、それらを瞬間的に切り替えて生きています。この性質がネコの気持ちがわからないという私たちの苦悩に繋がっているのでしょう。

この本では、ネコを知り尽くし、その立場を慮《おもんぱか》れる人（＝愛される人）になれる手助けをしたいと考えています。ネコの心を読み解くには、ネコの本質を知るのが早道であり、そのためにいちばん適任なのがネコの動物学です。

どうしてこんな行動をするのかという疑問には、すべて進化に裏打ちされた理由があります。ネコを科学的に、冷静に見つめることでだんだんとネコの気持ちもわかるようになるでしょう。

また、客観的にネコを見ていると、ネコという種類全般にいえる習性と、自分のネコだけに見られる個性というものがあることもじきに理解できると思います。そのネコだけがもつ個性を知れば、外見だけでなく性質も可愛らしいと思うようになり、あなたとネコとの関係は一層親密になるでしょう。

相手の気持ちを推し量れるようになること。このことはネコとの関係だけでなく人間社会の中でも重要なことです。私たちが忙しない日常生活の中で忘れてしまいがちな真実を、ネコたちが思い出させてくれるのでしょう。ネコは幸せを招く……まさにネコを飼うことの大切さはそこにあるのだと思うのです。

●目次



## 第一章　ネコの体について学ぶ

## 第二章 ネコの習性・行動について知る



## 第三章 ネコのココロを読み解く

## 第四章　ネコと心地よく暮らすために

## 第五章　もっと知りたいネコのこと

# 第一章

# ネコの体について学ぶ

## 生まれたての子ネコの瞳はなぜ青いのか？

グリーン、ヘーゼル（やわらかい黄土色）、アンバー（琥珀《こはく》色）、カッパー（銅色）、ブルー……ネコの眼は非常に美しく、そしてバリエーションに富んでいます。人間の眼は白眼と呼ばれる部分が表からよく見えていますが、ネコではこれがほとんど見えません。ネコの眼を正面から観察したときに見える大部分は、人間の目でいう黒目にあたる虹彩と呼ばれる部位です。ふつう「ネコの眼」といった場合、この虹彩と真中のひとみ（瞳孔《どうこう》）を指します。

ネコばかりが多彩な眼を持っているように思いがちですが、実は私たち人もさまざまな瞳の色をしています。日本人の眼の色は濃い薄いはあっても茶色が基本なので眼の色がネコほどは違わないと感じられますが、人の虹彩の色を気にしながらニューヨークの街を歩いたとすればそれにはさまざまな色があることに気がつくでしょう。

ネコの眼の色は、その美しい虹彩にさまざまな色をした色素が入っているわけではあり

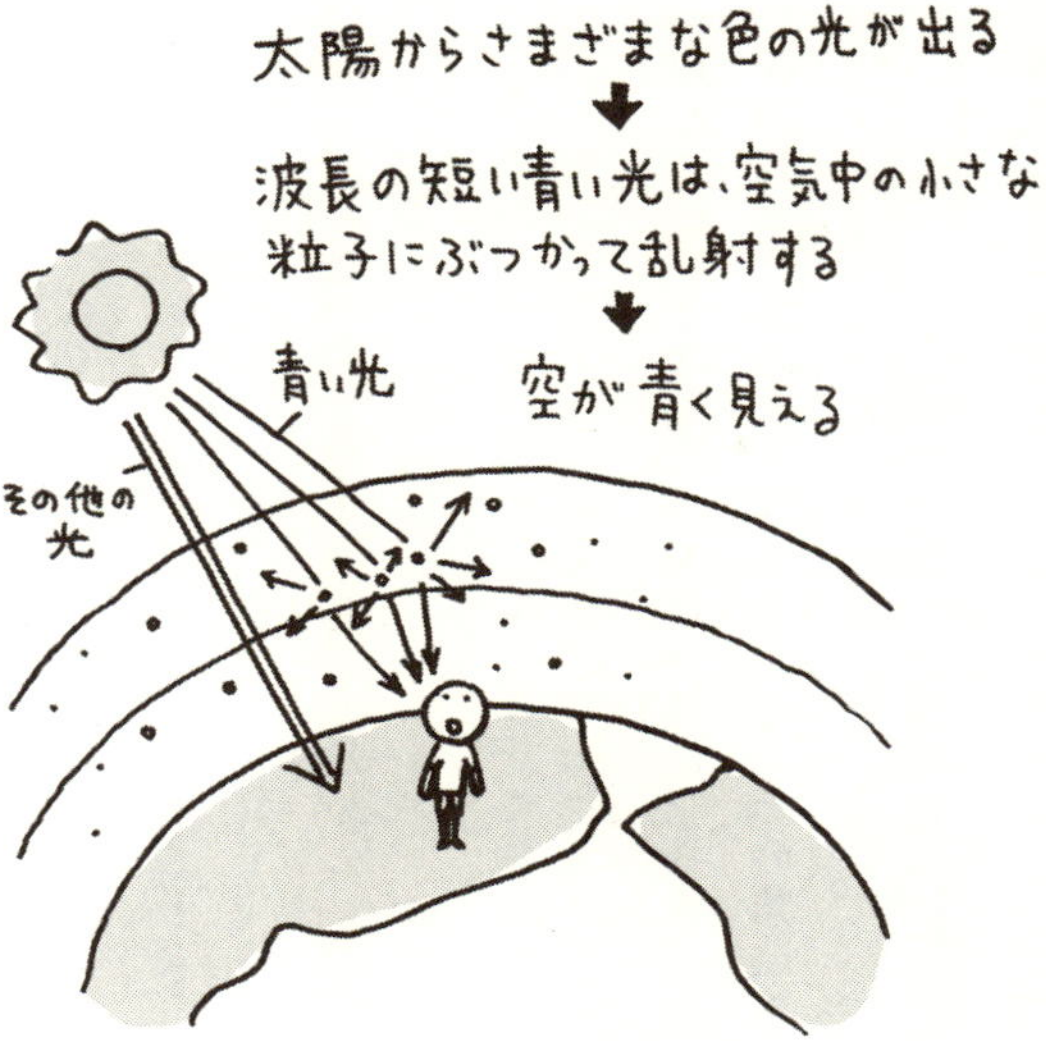


ネコの目も…

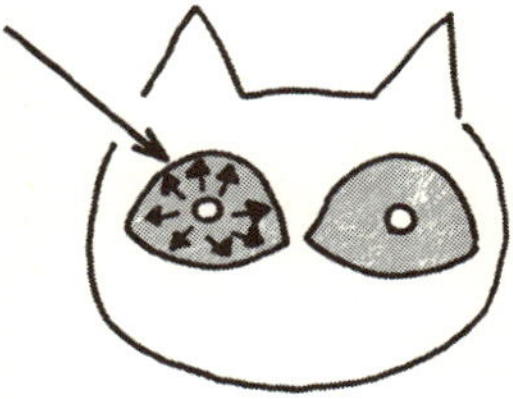

メラニンが多くて
細かいと青だけが
反射して、青く見える

ません。実は、虹彩に入っているのはメラニン色素だけでその色素が多いか少ないかで眼の色が違って見えるのです。

たとえば、よく晴れた日の青い空。空気中が青い色素で満たされているわけでもないのに空は青く見えますね。この青色は、空中の粒子が太陽の光に反射することで生じています。大まかに説明いたしましょう。まず、太陽からはさまざまな色の光が地球へ届いています。光が地球の空気の層に差し込むと、空中を舞っている非常に小さな粒子に当たって光が散乱します。

その際に、波長の長い赤い光などは粒子にぶつからず白色の光として地上に到達しますが、波長の短い青色の光はあたり一面の小さな粒子に強く反射して四方へ飛び散り地上にも達します。その結果、私たちには空が青く見えるというわけです。

夕方になり太陽が地球から離れ、その角度が地平線に近づくと、昼間とは光の散乱が変わります。通過する空気の層が変わるので、今度は波長の長い赤系の光が反射し私たちのもとへ届きます。すると、赤みがかった夕焼け空が見えるのです。

さて、ネコの眼も似たような原理で、メラニン色素の量が多くて細かいと青い光のみが反射し、私たちには美しいブルーの瞳に見えます。粒子の形や量はネコによって異なるので、金色やカッパーなどの色にもなる、というわけです。

私たち人間も同様の仕組みで、体中のメラニン色素が少ない白人には青い目が多く、メラニン色素の多い黒人には赤系の茶色を超えた焦茶色～黒色の瞳が多くなります。ネコの品種でいうと、メラニン色素が少ないシャム系のネコの眼はブルー、やや少ないロシアンブルーなどはグリーンというわけです。

ちなみに、どんなネコでも生まれたてであれば、虹彩は青色をしています。いわゆる「キトンブルー」と呼ばれるこの瞳は、生後間もなくメラニン色素が定着していない間だけみられます。期間限定の美しさなのです。

また、オッドアイと呼ばれる、左右異なる瞳の色を持つ神秘的なネコがいます。ふつう多いのは、片方が青色、もう片方が金色です。これは、左右の眼のメラニン色素の量が異なる場合にみられます。日本では「金目銀目《きんめぎんめ》」と呼ばれ、珍重されていました。

オッドアイはメラニン色素の少ない白猫に多く、その中にはまれに青い目の側だけ聴力が弱いネコが生まれます。色素を欠乏させる遺伝子により虹彩が青くなるのですが、この遺伝子情報が耳にまで影響してしまうのですね。免疫などに関係するわけではありませんが、注意深く見守ってあげてください。

覗き込むと吸い込まれそうな、不思議な魅力をもつネコの瞳。その姿に似ていることから、「キャッツ・アイ」と呼ばれる鉱石があるほどです。また、明暗や心情によって変わる仕組みから、物事が目まぐるしく変化することを「猫の目のよう」という諺《ことわざ》もあります。ネコの瞳は古くから私たちを魅了し、生活に根付いていたのです。

## キュートな肉球に秘められた機能

ネコの体の中でいちばん好きな部分はどこ？ と聞いてみると、人気度がかなり高いのが肉球です。「あのプニュプニュした感触がたまらない」という感想をもつ方も多いのではないでしょうか。

ネコの肉球（別名「パッド」）は、先の方にある4個の指球《しきゅう》と、体重の大部分を支える凸型の掌球《しょうきゅう》からできています。ここは毛が生えず、皮膚が裸出しています。表面は皮膚組

織で、内部にいくと筋肉でも肉や脂肪でもない結合組織の層、そして皮下組織があるという構成で、ほとんど人間と同じつくりです。
それにしては人間の手とは形がずいぶんことなっていると思われるかもしれません。これは、イヌ・ネコと人間の歩き方の違いが関わっています。
人間やゴリラは、いつも手のひらや足の裏全体を地面に着けて歩いています。対して、イヌやネコは、人でいう手のひらの前半分の面積と指先しか地面に着けません。なので、掌球の面積が狭く、形もことなっていま す。この形だと、始終、足の先だけで背伸びしているようになり、足が長く踏み出す一歩も大きくなります。結果として早く歩くことが可能になるのです。

さて、肉球の役割のひとつは衝撃を吸収することです。弾力のある皮下組織は上等なランニングシューズのようなもので、疲れにくく足音も出ません。これは、獲物を求めて直径1㎞くらいのハンティングエリアをパトロールしていた野生時代に鍛えられた習性です。音を立てずに静かに歩けば、のんきな小鳥や野ネズミ、トカゲなどに出くわすチャンスもあったのでしょう。

もうひとつ役に立っているのが肉球が分泌する汗です。ネコは汗腺が体になく、肉球にだけあります。肉球の汗は、体操選手がつける松脂《まつやに》のように滑り止めの効果をもたらします。また、汗には皮脂腺から出る脂分と匂《にお》いが混ざっているので、一歩踏み出すたびに自分の手形模様の匂いスタンプをポンポンと押しているということになります。

かわいい以上にずっと機能的な力を持った肉球。全面が私たちの指先ほどの感度をもっているので触られるのを嫌がるネコも多数います。具合を見たりするときには優しく包み込むように触ってあげましょう。

## チョイッと繰り出すネコ・ジャブはなんの動き？

人間が触感をいちばん鋭く分析できるのは指先です。目の不自由な方が使う点字も、非常に微妙な表面構造を敏感な指先で察知し読み解いています。

ネコの場合、人間の指先と同じような感覚をもっているのは鼻と前足の裏の肉球です。前足の肉球にある神経は、動いたり震えたりする刺激に驚くほど敏感に反応しています。いってみればネコは足で様子を見ることができるのです。

たとえば、野原でネコが小鳥を襲ったとしましょう。最初の一撃で地面に小鳥が落ち、ピクリとも動かなくなると、ネコは慎重に近寄り、前足をゆっくりと伸ばして小鳥に触れます。最初はそーっと……相手がピクッとでも動こうものならたちまち次の攻撃に移るべく、飛びのいて作戦を練ります。相手がマムシやアオダイショウなどのヘビだとそのとびのきざまは見事なもので、びょーんと1ｍも後方にジャンプします。

相手が動かないとなると、前足で少しずつ強く触れていきます。新しいオモチャや食べ物に対して繰り出すチョイッチョイッというジャブのような動きは、こうした確認の動作です。動かない相手にも用心深く接し、敏感な前足で様子をうかがっているのですね。

それでもピクリともしない獲物にようやく「どうやら仕留めたらしい……」と思うのでしょうか、最後は鼻で確認します。口吻《こうふん》の周囲におおよそ24本生えているヒゲ（触毛《しょくもう》）を前に出して鼻を近づけて、注意深く判断します。匂いを嗅《か》ぐ前に相手が少しでも動けばまずヒゲに触れるので、顔面を防御するのに有効的なのです。

このヒゲは本当に優秀なセンサーですが、その根元である鼻は、なんと温度を感じることもできます。そーっと鼻を近づけ、匂いを嗅ぐのと同時に温度も測定し、相手の状態を確認します。いざ、「仕留めた！」とわかると、鋭い牙《きば》でガブリとくわえ、安心な物陰へもっていくというわけです。

見慣れぬ家具やオモチャに対しても行われる「ネコ・ジャブ」ですが、狩猟を行う根っからの肉食動物である本来のネコらしさが表れている動作でもあります。また、単独生活者ゆえに、慎重にならざるをえず、身についたのかもしれません。

## ネコ・パンチは選ばれし者の特権だった

こうしたジャブや、拒絶・攻撃するときに繰り出されるパンチは、同じくペットとして私たちと深く接しているイヌにはできない芸当です。飼い主に従順なイヌでは忠誠心がジャマをして……というわけではなく、イヌは前足を左右に動かすために必要な鎖骨が退化して小さくなっており、足が左右にはほとんど動かないのです。

イヌは、進化の過程において平原で獲物を探すために長距離を走るようになったと考えられています。そのため、体も長距離ランナー型になり、四肢を前後に出す動きに特化しています。前後にしか動かないなんて不便なのではと思われるかもしれませんが、力強く地面を蹴るためには前足をしっかりと固定する必要があり、前足が左右にも開くようではかえって余分なエネルギーを使ってしまいます。

なので、鎖骨を必要最小限までなくした前足が前後にしか動かない骨格が、ランナー型の動物にとってベストな選択でした。同様の進化を遂げた動物であるウマの鎖骨は完全に消失しているので、イヌよりウマの方が走るのに適した体をもっているといえるかもしれません。

一方で、森林に棲むネコにとって狩りの相手はネズミやリス、ヤマネなどの小さいけものです。彼らの中には地面の下だけではなく、木の上に巣をつくる種もいます。すると、長距離ランナー型では食にありつけず、木登りができねばなりません。

また、ネコの敵はジャッカルやキツネなどの木登りができないイヌ科動物だったため、敵から身を隠すのにも木の上は最適でした。

こうした理由から、木登り（四肢を左右に開き木の幹に抱きつくように登ります）ができる体、すなわち前足と胸をつなげて肩を支える役割をもつ鎖骨が残っていた種が生き残り、現在に至るというわけです。

鎖骨と進化について補足すると、テナガザルは完全に樹の上に棲みますが、彼らは長い鎖骨をもっています。これも、樹上に適応したからです。サル類はみんな鎖骨が発達し、腕を上方に上げたり回したりすることができます。意外な種では、ネズミも鎖骨を持っています。ハムスターが前足でヒマワリの種を掴《つか》むことができるのは、鎖骨によって肩が支え

イヌは長距離ランナー型

ベシベシ
ネコは木登りとパンチが得意

られているからです。動物たちそれぞれが、生活する場所や食べ物のとり方によってさまざまに骨格が変わるという進化を遂げています。

ちなみに人間はというと、たとえば野球でピッチャーが上手投げで速球を投げられるのは鎖骨があるからです。おそらく、祖先がテナガザルのようなサルだったからでしょう。上手投げが苦手な女性が多いのは、(筋肉や練習量も関係しますが）男性に比べ女性は鎖骨が短いからだとも考えられます。骨格と行動は、見えない絆《きずな》でつながれているのです。

## 長〜いしっぽはなんのため？

立ち仕事をしていると、音もなくネコが足元を通り過ぎていくことがあります。それと気づくのは、ネコが立てて歩いていた尾をかすかに触れていくからです。わざとやっているのに知らんぷり、なかなか巧みな気のひき方です。そうかと思うと、しどけなく寝ているときのしっぽはしまえばいいのに伸ばしっぱなしで、踏みそうになってはひやひやしてしまいます。このしっぽ、大切なクセして大切にしないスマホみたいなものでしょうか。

ネコにとってあの長いしっぽは大切な代物です。不幸にして短くなってしまった者もいますが、さまざまな重要な役割をもっています。その一つが、体のバランスをとるバランサーです。どう活用されているか、ある実験をご紹介しましょう。

しっぽの活躍を確かめるために、さまざまな幅にカットした角材を2つの台の上に渡し、その上をネコに渡ってもらいました（もちろん、万が一角材から足を踏み外しても危険のない高さです）。

台の間隔は2m、最初の角材の幅は約7㎝です。ネコを片方の台にのせて、もう一方の台から呼びます。素直なイヌだと簡単なのですが、あまり働きたがらないネコではなかなか骨の折れる作業です。猫じゃらしなどを振ったり、呼んだり、好物の食べ物をちらつかせたり、あの手この手を使って渡ってもらいます。

7㎝の角材では、多くのネコが「こんなの、ちゃんちゃらおかしいワ」と言うかのように、一瞬で渡ることができました。賢いネコは2〜3回実験に付き合ってもらうと飽きてしまいますので、大急ぎで半分以下の3㎝の角材に変更します。ネコの前足の肉球幅はだいたい3・5㎝なので、かなり狭い道です。

ふたたび台にのせられたネコが「またかい！」と思っているかどうかはわかりませんが、しぶしぶ角材に前足をのせた瞬間、「おっ？」とたいてい立ち止まります。

7㎝の角材での余裕な姿からは一転、「むむ、こんな狭かったっけ？」と、今度は慎重に角材にのります。角材から肉球をはみ出させながらゆっくりと角材を踏みしめたかと思うと、スタスタ……ッと素早く渡り切ってしまいました。

こちらが驚くほど一瞬で渡り切ってしまったのであわててビデオでその動きを正面から観察すると、ゴールとなる台を見つめ歩を進めているのがわかります。

そして、しっぽは大きく回すようにグルングルンと動いています。体のバランスが少しでも崩れると、サーカスの綱渡りが細長い棒を持つように、しっぽを左右に揺らせて軌道を修正しているのです。長いしっぽならではの芸当なので、しっぽの短いネコはややバランス感覚が劣ることがありますが、日常生活に支障をきたすことはありません。

この繊細な動きの秘密はしっぽの構造にあります。しっぽは約18～23もの骨（尾椎《びつい》）と12本の筋肉でみっちりと構成されており、前後左右上下に自由自在に動かすことができます。しっぽの先までしっかりと気持ちが行き届いているわけです。

チャーミングでありながら多機能なしっぽですが、前述したとおり、私たち人間と暮らすうえでは、うっかり踏んでしまったり、子どもが引っ張ったり、ドアに挟まったりということも多々あります。ですが、これらは絶対に避けてください。

猫の神経は、脊髄《せきずい》や排泄《はいせつ》器官の神経系がまるで束ねた髪の毛のようにしっぽまでひと続きでつながっています。ですので、しっぽが引っ張られると、たとえば後足の歩行を司《つかさど》る部位や排尿器官にまで影響を与えてしまう可能性があるのです。ゆらゆら揺れる魅力的なしっぽですが、踏んだり引っ張ったりしないようくれぐれもご注意を。

## 意外とすごい、ネコの鼻

ネコは鼻があまり利かないと思われている節がありますが、そんなことはありません。確かにイヌに比べては劣りますが、人間と比べたらかなり良い……はずなのです。なぜ、「はず」なのかというと、ネコの場合、人間の何倍くらい良いのかよくわかっていないからです。

いわゆる嗅覚実験で、イヌはある匂いを感じたら「ワン！」と吠《ほ》えるようにしつけることができても、ネコは「ニャー！」と答えてくれません。ネコに匂いを嗅がせても、感じているのかいないのか……「フン、勝手にして」と言わんばかりに黙秘権を行使してしまい、実験どころではないのです。なので、匂いに対して「人間の何倍」という数値は検出されていません。となると、推定するしかありません。

匂いを感じる仕組みはこうです。空気に混ざっている匂い分子は鼻孔から入ると、幾重にも折りたたまれた粘膜の隙間《すきま》を通り抜けて肺へ向かいます。匂い分子を含んだ空気は粘膜

ネコは推定で人間の7.6万倍鼻が効く

の表面を流れていきますが、ここに匂い分子に反応する嗅《きゅう》細胞が並んでいます。アメリカのリチャード・アクセル教授とリンダ・バック博士によれば、嗅細胞にはタンパク質でできた約１０００種類の「匂い受容体」があり、それぞれに約１０００個の遺伝子が対応しています。

これらの遺伝子によってそれぞれ特定の匂いが判別され、脳の一部である嗅覚野《きゅうかくや》に信号が送られます。一つの匂い分子に２〜３個の遺伝子が同時に対応することもあるほどで、１万種類もの匂いを嗅ぎ分けて記憶することができます。たとえば、私たちが春に嗅いだライラックの匂いをほかの季節にも思い出すことができるのは、こうした遺伝子の働きによるものです。２００4年、この発見が評価され、２人の学者はノーベル賞を受賞しました。

さて、匂いの仕組みがわかったところで「鼻が利く」について考えてみましょう。たとえば、一般にイヌの鼻は人間の１００万倍利くと言われています。ある警察犬を使っての実験では、花や果実などの植物質の匂いに対しては約１００万倍、肉や脂肪に対しては１億倍も敏感でした（菊池俊夫『アニマ』１９７6年12月号平凡社）。

人間の鼻と比べようとした場合、まずは匂いを感じる細胞が並んでいる嗅上皮《きゅうじょうひ》の面積が、鼻の良し悪しに関係していると考えられます。そして、そこにある嗅細胞の数がなにより重要です。

警察犬のシェパードの嗅上皮の表面積は、小さな切手くらいしかない人間の約50倍でざっと１７０㎠です。嗅細胞の数は2億個もあり、約５００万個の人間の鼻と比べるとおよそ40倍にもなります。この構造のイヌの鼻が人間の１００万倍利くと仮定します。

ネコの鼻と比べてみると、ネコの嗅上皮の表面積は約40㎠、イヌのだいたい4分の1のサイズです。そして嗅細胞の数はざっと６５００万個なので、こちらもイヌに比べるとざっと3分の1でしょう。ということは、ネコは肉や脂に関しては人間の7・6万倍も鼻が利くということなります。いつもよりちょっとフードを奮発したり、もしくはランクを下げたりしたとき、敏感に嗅ぎ分けて大喜びしたり、手も付けないで「フン！」と一蹴《いっしゅう》したりできるのはこの鼻のなせるワザなのです。

## ネコにはおいしさがわかるのか？

動物全般に言えることですが、食べ物の味というものは舌で感じているだけではありません。「日本人は目で料理を食べる。西洋人は鼻で料理を食べる。中国人は舌で料理を味わう」なんて言葉もあるように、味わうという行為のなかでは舌はもとより目や鼻も使っていることは確かです。

ネコは食事を始める直前、まずは匂いを嗅ぎます。ゆっくりと近づいてきて前方へ向けたヒゲの先端で安全を確かめ、「フンフン」と匂いを嗅いでいます。この瞬間、ネコの脳の中では「食べるか、またぐか……」の判断がなされています。たったひとりで野生の世界を生きていた動物なのですから、古くなって傷んだ肉の香りは敏感に察知できねばなりません。

飼い猫の場合は、食欲を失ったネコには食べ物を少し温めてあげると食が進むとよくいわれますが、それは温度が上がることで匂い分子がよく飛びネコの鼻粘膜を刺激するからでしょう。食事のときの匂いはそれほどに重要なのです。その意味では、ネコの味わい方というのは西洋人的といえるのかもしれません。

香りチェックを終えると食事に移りますが、まずは舌先で再チェックします。こまかくいえば、舌先についている唾液《だえき》に食物の栄養分子を溶かし、舌先の味蕾《みらい》で化学組成を分析するのです。その結果、自分に見合わないとして「ダメ」が出ればまたいで立ち去るし、「OK」が出れば本格的な「食べ」に入るというわけです。

人間は甘味、酸味、苦味、鹹味《かんみ》（塩辛さ）の四つの基本味があり、これにうま味を加えて五つの味を感知しています。これらを感じるのが味細胞で、舌の部分によって感じる味が異なります。たとえば、舌の先端は甘さとしょっぱさにとくに敏感で、両端は酸っぱさ、そして奥の方は苦さ、と分布しています。

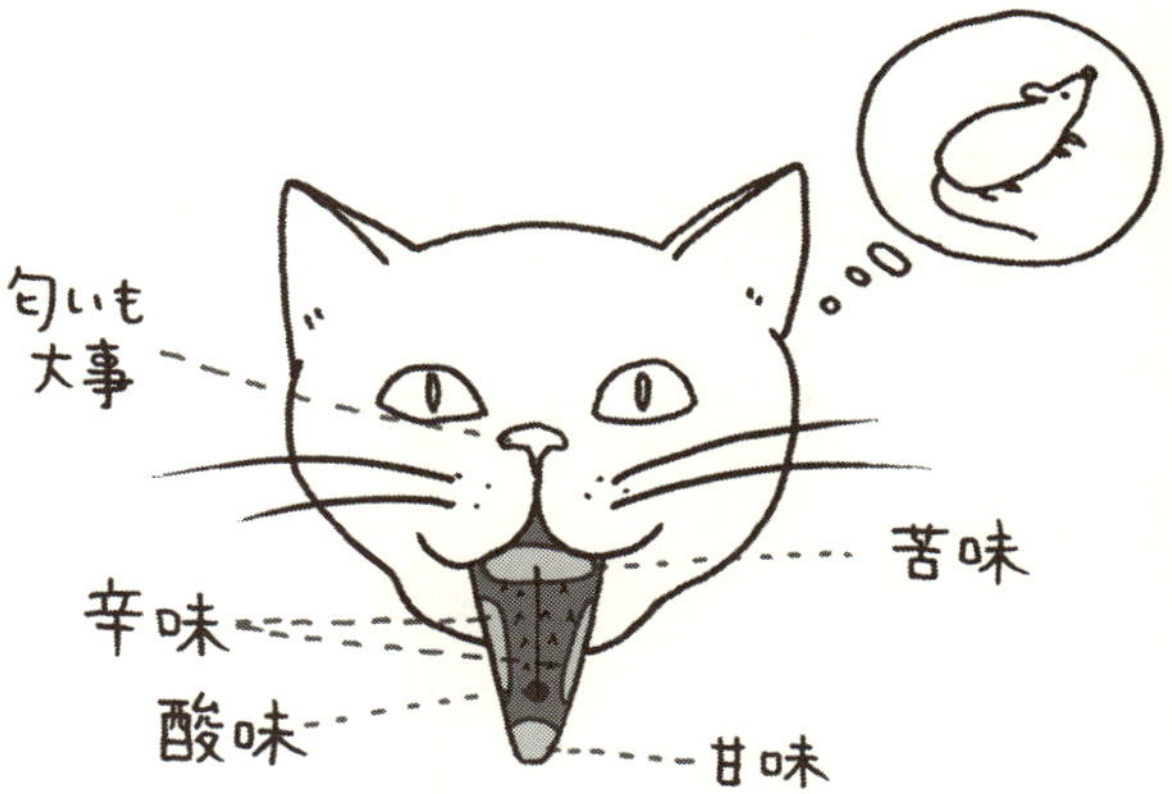


　では、ネコの舌はどうなのか……となると、ネコの舌の先端、根元、両脇に味細胞があることだけは確かですがいまだ謎《なぞ》がとても多いのです。舌の中央部分には特有の「トゲ状」の乳様突起が並び、トゲの先端は口の奥の方を向いています。ここに味細胞はなく、トゲは毛を手入れしたり、水などを飲んだり、獲物の骨から肉をはがしたりする際に用いられ、味はほとんど感知していないとみられています。

　ネコがどんなふうに味を感知しているかについてはいろいろ言われていますが、感知する強さ順にいえば、基本的には酸っぱさ、苦さ、塩辛さで、これらに加えて水を味わう感覚もあるらしいということくらいです。ネコにはおいしさがわかるのか？　と問われれば、ウームとうなってしまいます。

さまざまな実験から、ネコの味細胞はとくに舌先にたくさん分布し、舌の根元、両脇にも味細胞があるとわかってきました。アミノ酸の中でもとくに脂肪酸に敏感に反応するということも解明されています。アミノ酸にはいろいろ種類がありますが、平たく言うならばそれらが集まってタンパク質（プロテイン）となります。タンパク質が豊富に含まれるといえば肉です。肉食動物らしく、肉の良し悪しには敏感な体ができているというわけですね。

## ネズミの声も丸聞こえの地獄耳

ネコの耳は「地獄耳」です。ほんのかすかな音も決して聞き逃しません。内緒で何かをしようとしてもちゃんと聞こえているので、悪口なんかは絶対に言っちゃいけません。

ネコの耳の良さは、おもにネズミを捕らえて生きる狩猟生活に適応したものです。ネズミはご存じのとおり「チューチュー」と鳴きますが、これは約2万ヘルツの鳴き声で、人間の可聴範囲では限界の周波数にあたります。ネズミにしてみればこの声は彼らが出す周波数のうちではもっとも低い部類ですが、この音が人間の大人が聞ける限界の高音です。

仮に人間の耳がもっと高い音を聞けるとしても、音源のすぐそばにいない限りはその音は聞き取れないでしょう。というのも、高周波は地面や茂みをはじめ、空気中を漂う微小なほこりや霧粒などに吸収されてしまい、遠くまで届かないからです。なので、ネズミが地下トンネルに入ってしまうと、私たちには彼らの話し声など何も聞こえない状態になってしまいます。

少々話がずれますが、地下トンネルでネズミたちが何を話しているかについて研究を重ねた科学者がいました。アメリカのデューク大学の神経生物学者エリック・ジャービス氏の最新の研究によると、なんとネズミたちは歌を歌っている！　といいます。

この驚くべき研究結果をご紹介しましょう。論文によれば「ネズミの声は非常に高音で人間には聞こえないので、録音をスロー再生して分析した。すると、オスはメスに求愛する際、メロディーとフレーズの繰り返しで構成される曲を歌う」と発表しています。さら

ネズミのヤツ
ラブラブだな…
またあの
オヤジ
飲んでるな…

に、「チューチュー鳴くだけでなく、多彩な音節が含まれ、繰り返し登場するテーマもあった」といいます。

さらに学会が驚いたのは、血統が異なる大人のオス2匹をメス1匹と同じ空間に置いた実験です。「8週間にわたり実験を続けた結果、オスは互いに歌う高音や低音をまねて、それぞれの歌が変化した」といいます。ネズミはメスをうっとりさせる以外に、オス同士でも敵意などの感情を歌に込めて伝えている可能性があるというのです。

地下に入って高音で歌いまくっているネズミの歌は人間には聞こえないけれど、ネコはジッと聞いており、浮かれてふらふらと穴から顔を出すのを待ち続けます。大人のネコの耳はふつう5万ヘルツまで察知でき、生後3週間の子ネコはその2倍、つまり10万ヘルツの音を聞き取ります。ネズミの歌など筒抜けなほど、ネコたちは耳が良いのです。

地獄耳は、獲物を捕らえるためだけではありません。たとえば、母ネコも授乳期には聴覚が鋭くなり、最高8万ヘルツの音を聞き取ります。8万ヘルツというのは、子ネコの咽《いん》頭《とう》から発せられる超音波の周波数です。子ネコと母ネコは声によって意思を伝え合い、巣から出ている母ネコを子ネコが呼び寄せたりすることができます。

このけた外れの聴力は子ネコが母離れして独立する頃、消えてなくなってしまいます。母親の方もやはり授乳期が過ぎると元の聴力に戻るので、ある期間だけに授けられた特別な能力というところでしょうか。

第二章

# ネコの習性・行動について知る

## 毛づくろいが示す重要なサインを見逃すな

身だしなみを大切にするネコはよく毛づくろいをします。女性のお化粧と同じで、とくに顔の周辺は丁寧です。ネコの場合、俗に「顔を洗う」といい、昔から「ネコが顔を洗うと、天気は雨」などと言われていますが、この顔洗いはおもに顔にあるヒゲ（触毛）をきれいにするために行われています。

ネコのヒゲは、人間のヒゲとは違いとても敏感にできており、生きていくうえでなくてはならないものです。ものに触ったり、空気が振動したりすると、ヒゲはそれらを察知し、状況判断に大いに活躍します。

そのため、ヒゲをいつもきれいにしているわけですが、雨が降る前は空気中に湿気が多くなりヒゲがだら～んとしてしまうので、しきりにヒゲの掃除をするようです。ネコが顔を洗うと雨というのも、まったくのウソではないといえるかもしれません。

ただし、ネコは食事の後や狭いところを通ってきた後などにもヒゲの手入れをするので、

顔を洗ったら必ず雨、というわけでもありません。詳しく観察していないと天気予報は難しいでしょう。

ゆったりとくつろいでいるとき、ネコはだいたい決まった順序で毛づくろいを進めていきます。おおよそ、顔から後足へという順序になります。

①片方の前足の親指の爪のあたりを舐《な》めてぬらし、頭や耳、耳の後ろをこする。

②前足や肩を舐めてから、頭をお腹の方へグッと曲げて、腹や生殖器のあたりを舐める。

③体をひねって腰や後足のつけねのあたりを舐め、毛を歯で噛んで梳《と》かす。後足と足をたんねんに舐《な》める。このとき後足の爪が古く

なっていれば、歯で古い爪をはがす。
④仕上げに腰や尾のつけねから先まで舐めてきれいにする。
終わるとグーッと伸びをしたりして移動しますが、おおよそこういった具合です。愛猫を観察して、「今はどの手順かな?」と予想を立てるのも楽しいかもしれません。

ところで、この顔を洗う行動を、肉球や指先の指球で洗っていると思う人が少なくありません。足跡には4つの指球跡がつきますが、実はネコの前足には指が5本あり、地面に着かない指が1本あります。立派な爪がついたその指は、人間でいうと親指にあたり、地面からやや上に位置しています。地表の汚れがつかないこの親指の爪を櫛がわりにして、顔の周辺の毛づくろいを行っているのです。

さて、日々、足や舌を駆使して毛づくろいをしている様子はなんとも愛らしく見えますが、「きれい好き」と言われる所以《ゆえん》でもあるこの毛づくろいには、いくつか理由があります。

第一の理由は、誰もが知っているように「自分の体を掃除する」ためです。一日のうち3〜5割は毛づくろいに時間を費やしているというデータがあるほど、ネコはきれい好きな生き物です。したがって、毛並がベタベタしていたり乱れていたりするときは、毛づくろいもできないほど体調が悪い可能性もあります。注意深く見守りましょう。

第二は「防寒」です。毛を繰り返し舐めるとふわふわと滑らかになり、断熱効果を高めるのに役立ちます。一方で、暑いときにも毛づくろいをします。これが、第三の「体を冷やす」ためです。ネコは体から汗をかかないため、暑い夏の日にはすぐにオーバーヒートしてしまいます。たくさんの唾液をつけて毛皮を舐めて、体の毛がぬれているほどになることもありますが、唾液が蒸発することで、私たちの皮膚で汗が蒸発するのと同じ効果が表れています。

また、突起がついた舌で舐めることはマッサージ効果があり血行の促進につながるので、母猫は頻繁に子ネコの毛づくろいをしてやります。この経験から、仲の良いネコ同士は親愛を表すコミュニケーションツールとしても毛づくろいをします。体を撫《な》でているときに飼い主の手や足を舐めるのは、飼い主のことを母猫のように思っており子ネコ時代の幸せな感覚を思い出しているから。あなたのことを心から信頼している証拠です。

その反対に、親しくない人間に抱かれた後も毛づくろいを行いますが、これは毛を舐めることで体表についた匂いを弱めネコ自身の匂いを強くして匂いのバランスを整えているからです。

機能的な役割に加え、なくてはならないコミュニケーションツールとしても役立っている毛づくろいですが、だからこそ、愛猫の気持ちを読み解くサインとしての役割も見出せます。

たとえば、毛づくろいをしすぎてハゲができてしまっているとき。この場合は、精神的ないし肉体的にストレスを抱えている可能性があります。たとえば、新居に引っ越しをしたり、新しい飼いネコとそりが合わなかった場合は、不安を和らげるために毛づくろいをしすぎることがしばしばあります。また、皮膚炎やノミ・ダニなどによって体調になんらかの支障をきたしている場合もありますので、見つけたときは獣医さんへかかることをおすすめします。

## 本当に魚好き？　ネコと日本人の食卓関係

魚をくわえたドラネコを追いかけるのはサザエさんですが、事実、この歌にあるように古くからネコは魚好きとされ、いわく「ネコに鰹節《かつおぶし》」といえば「ネコのそばに鰹節なんぞを置いちゃ危ないよ。油断するんじゃないよ」ということのたとえでした。

「ねこまんま」なんていうのもありました。残りごはんに鰹節をパラパラッとかけて混ぜてネコにあげるようなごはんをいいますが、戦後、人間の食べ物すら満足になかった時代には「鰹節をやるなんぞもったいない」とさえ言われたものです。なにしろ、人間でさえもたくわん一切れで茶碗1杯のごはんを食べたのですから。

当時は、鰹節のかわりに出汁《だし》をとった煮干しの破片をのせたり、味噌汁《みそしる》の残りをごはんにかけてネコにあげていたようです。いずれにしても、日本人は昔からネコには魚や水産加工品を与えるというのが、いわば常識でした。

さて、好物といえば魚……というイメージに反して、実際のネコは肉系全般が好物で、突出して魚が好きなわけではありません。一部、イタリアやフランスなどの漁村のネコは魚が好物ですが、多くのネコは魚と同様に肉も好みます。

ただ、最近の日本のネコは魚をあまり食べないという説があります。その理由は、日本人の食生活が欧米化し、魚を使った和食が主だった時代から食卓事情が大きく変化したからです。ネコの好物はその時代の飼い主の嗜好《しこう》に大きく関係しているのです。

たとえば、コアラがユーカリの葉しか食べないことは多くの方がご存じでしょう。ユーカリは６００～７００種もありますが、一頭のコアラが食べるのは10種以下に限られています。母親は未消化のユーカリの葉をウンチのように腸から出して子どもに与えますが、このとき子どもはユーカリの味を覚え、一生涯そのユーカリしか食べなくなります。おふくろの味というわけですがネコを含む多くの動物にも見られる現象です。

ノラネコでいえば、子ネコの頃に母親から教わった食べ物をベースとしてその食生活は大きく変化しません。それを食べ続ければ、少なくとも母親と同じ年齢までは生きられるという原理からきています。人間も、子どもの頃の食生活によって味の好みが決まるというのによく似ています。

ちなみに、鰹節はネコの健康には良くないという説があります。確かにネコはねこまんまを喜んで食べますが、これでは栄養のバランスが偏ってしまいます。人間が思いつくままにネコの好きな物をあげていると、ネコにとって必要な栄養素が欠乏したり過剰にとりすぎてしまい健康を害してしまうことにもなりかねません。

とくに、ネコの好きなカニ、かまぼこ、ちくわ、ちりめんじゃこ、塩鮭などはネコの体の大きさからして塩分やマグネシウムなどのミネラル分を過剰にとってしまいます。膀胱《ぼうこう》結石などの「石もち」になる可能性もありますので、ネコへのおすそ分けはほどほどにしましょう。

## まだまだ謎の多い、ネコの嗜好

「ネコは、ネズミの肉よりも明らかに牛肉の方を好む」という実験結果があります。アメリカの生物学者エドワード・ケインが行った実験で、ネコにさまざまな「基本的な食品」を自由に選ばせたところ、そんな結果が得られたといいます。ネズミなどのげっ歯類は、ネコの奔放な（ときにはしつこいほどの）ハンティング本能から類推されるよりもはるかにおいしくないのだとか。

しかしこの実験は、味の実験ではなく、好みの食べ物についての実験となってしまったように思えます。前述したように、どんな動物でも子ども時代に親からもらった食べ物の味を好むようになるので、すでに牛肉が好みの肉になっていたネコを使っての実験だった可能性もあります。日本でこの種の実験をやれば、きっと魚の干物が好まれるのでしょう。

さて、牛肉を好むネコのこぼれ話として、ネコは人間と暮らしだす以前からウシを好んでいたに違いないという説があります。中東でネコが飼われた要因は、ネコははるか以前からウシ類の肉を好んでいたが、あの小さな体では大きなウシは倒せないのでネコの方から人間へすり寄ってきたのだといいます。牛肉食べたさに人間と暮らすようになっただなんて、ネコには不名誉な話かもしれません。

ともかく、ネコは体が必要とするタンパク質をうまく摂り入れるように味覚ができあがっています。前述したように、その舌は良質なアミノ酸、そしてエネルギー源になる脂肪酸の味に敏感です。そのほか、腐敗したタンパク質も識別できます。主食となる肉の鮮度や質にうるさいというわけです。

対して、塩気には鈍感だといわれています。その理由は、ネコがもともと主食としていたげっ歯類の体の中には、適度な塩分が常に入っているので、特別に塩分を察知し探し出す必要がなかったからです。たとえば、草食動物は塩分の不足に敏感ですが、これは草や木の葉には塩分が少なく、主食を摂る以外にも塩を舐めにいかねばならなかったからです。自然に摂れないものに対しては敏感になるよう、進化したということです。

また、人間が好む甘味に関してもネコは鈍感です。甘味をつけた水とつけない水を選ばせると、ネコはしっかり区別することができません。同じ実験をほかの哺乳類に行うと、彼らは迷わず甘い水（炭水化物入り）に飛びつくのにです。

細胞が活動するために必要とする万能なエネルギー源であるブドウ糖は、人間の場合は炭水化物が変性することでできあがります。ところが、ネコの場合はほとんどのブドウ糖が炭水化物ではなくアミノ酸の変性により作り出されます。なので、ネコは甘味（炭水化物）を感知しなければならない理由がとくにないのです。

しかし、最近ではこの説を覆すような嗜好のネコがたびたび見られます。砂糖を入れて水で薄めたミルクが好きというネコたちです。甘いフルーツ・ヨーグルトのたぐいは「無添加」の乳製品よりずっとネコに好まれますし、砂糖のかわりに甘味料を添加した〝ライト・タイプ〟も好みのようです。

甘味には見向きもしなかったはずなのに……と一見混乱してしまいますが、やや甘くて薄めたミルクというのは、母乳の味に似ていると考えらえます。

ふつうの牛乳は乳脂肪が少なく、成分表示では大抵3・5%と表示してあります。本来、これだとネコには水っぽすぎるため、眼の開いていない子ネコは下痢を催しがちです。そのため、ネコには牛乳を与えてはいけないといわれています。ネコの母乳は脂肪分を5%以上含み、牛乳よりはるかに濃いのです。しかし、薄めたミルクである乳製品を好むのに、もともとは濃い母乳を飲んでいたとなると明らかな矛盾です。ネコの味覚に対する研究はまだまだ未開の地が多く残っているのです。

## ネコは短気な動物?　単独生活者の悲しい性

本来、ネコはふだんから「一匹狼」ならぬ「一匹猫」の生活が基本。単独生活者なので、ケンカっぱやいのは確かです。

ネコを含む肉食獣は、十分な獲物を確保するためにナワバリ意識をもっており、自分のナワバリを守るためならケンカも辞しません。獲物を狩る区域はハンティングエリア（行動

チャトラの
ハンティングエリア
クロの
ハンティング
エリア
クロのなわばり
ビクッ
こっち
こないでよ!
フー
ぼちぼち
やな
元気〜?
フフン
シロのなわばり
シロのハンティング
エリア

圏）と呼ばれますが、このエリアは寝起きを行うプライベートなエリアではないので、隣のネコのものとかなりの面積がダブっています。こうした共有地で知っているネコ同士が出会えば挨拶を交わしますし、初対面であればケンカに発展することもあります。

けれども、ある程度の面積は自分のものとして守らなければ意味がないから、自分で決めた境界に沿って頻繁にチェックとマーキングをする必要が出てきます。食べ物を求めて棲《す》み着いたエリアを徘徊しマーキングを行うことでハンティングエリアが形成されていくのですが、得られる食物量によって、その広さは変わります。

お腹いっぱい食べるためには広いハンティングエリアが必要で、そこを守るためには広い範囲のパトロールが不可欠。歩き回るのによけいにお腹がすいてしまいます。なんだか矛盾したような、とても苦労が多い生活です。狭ければパトロールも狭くて良いのですから。

一方で、食べ物が豊かで、ちょこっとパトロールすれば良いのが室内飼いのネコの生活です。部屋の中で大切にされているネコたちが、三畳一間でも覇権争いをせずに幸せに暮らせるのはこういう理由です。

ごはんによって行動範囲が形成されるというわけなので、残飯の出る飲食店や地域ネコとしてかわいがられエサをもらえる漁村や公園などは、エサ場という点を中心に複数のネコがハンティングエリアを設定することもあります。エサ場では数匹のネコが出くわしますが、お腹が満ちていれば気分も鷹揚《おうよう》になり数匹が仲良く食事をするという光景が見られます。

ただし、仲良しなのはエサ場という1地点だけ。それ以外で出会ったときはネコ社会のルールに乗っ取った態度をとらねばなりません。

## 仁義も常識もある、ネコ社会のルール

たとえばの話……ネコのミケが、飼い主に内緒でこっそりと野外へパトロールに出たとします。彼女は空き地に繁る草の間をトコトコと歩いていきます。そこは、ふだん歩きなれた自分のハンティングエリア内の〝ネコ道〟です。

好物のスズメや、オモチャにちょうどいいネズミがいるかもしれません。もしくは、見

知らぬ侵入者の匂いがあるかもしれません。彼女があたりに気を配って歩いていくと、向こうから一匹のネコがやってくるのに気づきます。

「あの姿はジョーだわ！　まだ気づいていないみたいだけど。でも、このまま進むと、空き地の真ん中で出会っちゃうわ。ちょっと嫌……」と。

ジョーもその土地のネコで、自分のハンティングエリアをパトロールしていました。お互いに気づいたネコは、やがて立ち止まり、そしてゆっくりと座りました。

「おっ！」ジョーもミケに気づき、両者は接近していきます。

ミケもジョーも知らんぷりを決め込んでいるようですが、実はお互いに静かに観察しています。相手をジッと眺め、相手と視線が合いそうになると目をそらし、あらぬ方向を見る……この繰り返しがしばらく続きます。

すると、ジョーはミケがそっぽを向いている隙にゆっくりと立ち上がり、接近します。ミケはもちろんそれを感づいていますが、目はそらせたまま。ジョーは慎重に歩いていって、ミケの脇を通り、すれ違ったとたん走り去ってしまいました。

一連の流れを見ていても人間にはわけがわからないですが、ミケは満足しています。

ジョーはきちんと挨拶を交わしたからです。ネコの世界では「相手の顔をあからさまに見続けない」のが礼儀で、見続けることは相手の敵意を煽《あお》ることになります。

これが許されるのは、親子のように極めて親密な間柄の場合だけです。その場合には、見続けることが親愛の情を表現します。

さて、ミケも立ち上がり、ふたたび草原を歩いていきます。これで終わりと思いきや、ミケは気づかなかったもう一匹のネコが、こっそりこちらを見ていました。顔見知りではないノラネコです。ノラは出会いを避けました。

「共有地での出会いは、できるだけ避ける」というのもネコの世界のルール。少々水臭いですが、挨拶せずに済むのだったらそうしたい。それがネコの本音だと考えられます。

ケンカっぱやいと述べましたが、それは「一匹猫」であるがゆえに、自分の身を自分で守らねばならない理由があるからで、必要以上のケンカはできるだけ避けます。野を生きるネコたちは、かなり人間的であると私は思います。

屋外でネコを観察していると、最近はこのルールを知らないネコが増えているように思います。屋内飼いやペットショップで単頭飼いされていたネコが外の世界に放り出されると、ネコ社会での経験や親ネコからの教育がないため、ルール外の行動をとってしまいがちだからです。

そんなネコ同士が出くわすとあっという間にケンカに発展します。ただでさえ、ふだんから「一匹猫」の生活者なのだから、ルールをわきまえなかったらケンカになるのです。

## ノラネコばかりのネコ島が珍しいのは都会っ子だけ？

全国には、ノラネコが多く生息している俗に「ネコ島」と呼ばれる島がいくつかあります。なぜ島にこんなにもネコが……と疑問に思われるかもしれませんが、緑豊かな地域に住む人々と多数のノラネコたちが共存している図というのは、実は世界中でよく見られる光景です。

東北地方のとあるネコ島に向かったときのことです。島に行くのだからとうぜん出発は港です。駅からタクシーに乗り込み、「港まで」というと、運転手が「またネコですか」としゃべりだしました。カメラを抱えた旅行者がそんな小さな島に行くのはネコ目的と決まっているようで、「なんでネコがそんなにいいんでしょうね……」「遠くから女の子一人でも来ますよ」「最近は行政も町おこしはネコだ、なんて言ってますがね」と不思議がっていました。

実のところ「うん、なんでいまネコなんだろう?」とは私も思います。動物学者として、ノラネコの集団がどういう行動をしているのか知りたくて行ったのですが、近年は一般の方の間でネコの注目度がぐっと上がっているように感じます。

確かに謎深く魅力的な動物ではありますが、ネコは一万年もの昔から人間の生活とつかず離れず関わりあってきました。あたりまえに私たちの生活や街の一部であったネコが（もちろんネコにしてみれば、私たちこそが彼らの生活の一部なのでしょうが）、行政にまで担ぎ出されるのは、なんだか不思議に感じます。

さて、話をネコ島に戻しましょう。人間とネコがお互いに影響しあって生きてきた長い歴史から見れば、「ネコ島」はそのほんの一部にしかすぎません。ネコ島は東北だけでなく九州にもいくつかあり、瀬戸内地方にもあります。また、北海道の天売島《てうりとう》や小笠原諸島では、海鳥やもともといた小動物の保護のために、ネコを捕獲・移住させています。

なぜ、島にネコがたくさんいるのかというと、それは島にあるのは漁村が中心だからでしょう。漁から帰ってくる船が大量の魚を持ってきても、大きな町の漁港ではないので、鮮魚がすぐに競りにかけられて売れるわけではありません。だから、島では積荷を降ろしたと同時にさばいて干すなど加工をします。すると、大量の不要な「あら」が出ます。

これを狙《ねら》うドブネズミもいたでしょうが、ネコのおかげでドブネズミは姿を消し、ネコはたっぷりご馳走《ちそう》にありつけたというわけです。

## こうしてネコ島が生まれた～ドブネズミとの闘いの歴史～

ネコ島成立の背景を、具体的に見てみましょう。1949（昭和24）年、愛媛県は宇和島市で、ドブネズミが大発生したことがありました。この話をテーマにした作家・吉村昭氏の『海の鼠《ねずみ》』（1973　新潮社）は、動物学の界隈《かいわい》には名著としてよく知られています。文中に島の名前はありませんが、文の流れから、宇和島の西方の戸島だと推測できます。

小説のなかでは、島の環境についてこう記してあります。

「島は、鼠にとって生活環境も良かった。つまり、村とその周辺は餌をふんだんに漁ることのできる豊かな食料庫で、澱粉《でんぷん》、蛋白質《たんぱくしつ》、カルシュウム、脂肪その他栄養価の高い食べ物を摂取出来るのだ。（中略）さらに石垣は鼠の棲息《せいそく》する巣をつくるのにも、程良い条件が備わっていた」

漁村はネズミが繁殖するのに最適な環境と条件をもっていたのです。

どれくらいの数のドブネズミが戸島で繁殖していたかというと、当時の京都大学の調査では60万匹が棲息していたとの記録が残っています。この多さ、具体的には昼間でもあちこちをネズミが走り回っているのを目にするほどの数です。

チュー害に悩まされた島の人々は、対抗策として天敵の導入を図りました。第一の候補に挙げられたのは、大型ヘビ類のアオダイショウです。ネズミなどの小動物を獲物とするのですが、ひとたび獲物を飲み込むと1週間は消化のためにじっと体を休ませるので、役立たずと判定されてしまいました。腹もちの良さが仇《あだ》となったわけです。

第二候補はイタチです。俊敏で食欲も旺盛な食肉目なので最適に思えましたが、ナワバリ意識の強さが災いし、小さな島では同士討ちによって自滅していきました。

第三候補はフェレットです。フェレットは、イタチの一種が家畜化した種で、現在は世界中で飼育されていますが、人との生活に慣れすぎて野性味を欠いたのか、ネズミをうまく狩れませんでした。
そして、満を持してネコが放たれました。人々の期待を背負っていたのですが、彼らの仕事ぶりはというと、ほとんど狩りはせず、ぐうたら過ごしていたようです。浜には魚の加工品や干物がたくさん並べてあるので、苦労してドブネズミを追いまわす必要はなかったからでしょう。
役立たずのレッテルが貼られてしまったかと思いきや……不思議なことにドブネズミは

姿を消しました。天敵の脅威に恐れをなしたのでしょうか、漁師たちは、大群をなして海を泳ぎ四国本土へ渡ろうとするドブネズミに出くわしたといいます。ドブネズミの遊泳距離はせいぜい300mだから、おそらく海の藻屑《もくず》と消えたのでしょう。

島からドブネズミがいなくなってからはというと、アオダイショウはもともとあまり好まれないから姿をひそめ、イタチやフェレットは獲物がいなくなって消滅し、ネコは島の人々に愛されエサをもらえたため残り、ネコ島が誕生しました。

ドブネズミが食べていたのと同じようなものを与えられて、かわいがられていればそりゃあ増えます。かわいらしいし役には立つし、適当な数のドブネズミならばネコが捕ってくれるので、島の人々にはありがたい存在だったのでしょう。そのネコを個人的に飼う理由もなく、島では人間とネコが共存しているのです。ノラネコばかりの島があるのはそんなわけなんですね。

## 見失ったネコの先にある、秘密の集会場

動物学のフィールドワークでは、島のノラネコはネコの生態調査にうってつけです。海に囲まれて孤立しているので、外からネコが入ってくることはまれです。また、毛色はいろいろで体にはさまざまな模様があるし、尾にも長短があり、オス・メスも見分けやすいので、観察しながら写真などでネコを撮れば、個体識別がかなり正確にできます。

いざ調査を行うときには、あらかじめその地域の地図を作っておき、1匹のネコに注目して後をついていきます。街中で出会ったネコについていくことを「ネコストーカー」なんて言うようですが、私たちはかなり粘着質なストーカーなのかもしれません。何時何分にどこからどこへ行ったのか、どこそこで何をしたか、ほかのネコとの出会いはどうだったのかということまでを記録していくのですから。

調査するネコの数は多いほど良いのですが、何匹か調べると、行動範囲、活動時間、食べ物など、ノラネコの生態が少しずつわかってきます。

島ではなく千葉県の住宅街で調べたこともありますが、これがなかなか難しい。カメラをぶら下げてうろうろ歩いていると怪しまれてしまい、どうも人の目が気になります。確かに、危ない人の感じはするのでしょう。一見、何を目的にしているかまったくわかりませんし……。

なので、調査は2、3人でチームを組んで行います。一人は外交専門で、いわば「外交官」役です。仕事内容は、近所のおばさんたちとしゃべっていること。ネコを追う、それだけの調査にも、意外と苦労があるのです。

ですが、「あのネコはどこそこをねぐらにしていて、あのネコと仲良しだよ」などと教わることもあり、意外と情報が集まるものですから、外交官役がかなり重要な存在となってきます。真っ暗になると複数人でもいよいよ怪しまれるので、人通りが絶える午後9時頃には調査は終わります。

ある日の夕暮れ、人通りが一段と多いとき、追っていたネコを見失いました。ほかの調査員もみんな見失い、はて、どこへ消えたのかと、あたり一帯の路地や空き地を探し回りますが、見つかりません。

夜中にネコの集会に遭遇したことがあります

そろそろあきらめようか、と思った午後7時頃、駐車場の広場でネコたちを見つけました。5匹ほどのネコたちがじっと座っていて、なかには例のネコの姿もありました。こちらのほうをジロッと見ましたが、ほとんど気にしていないようです。「香箱《こうばこ》を組む」ようにうずくまっています。円を描くように座って、別に何をするでもなく、時間が静かに流れています。これが「ネコの集会」です。

非常に人間的ですが、ネコは積極的に集会に参加します。集会場は、夜の神社や庭の一部、あるいは駐車場など。オス・メスの区別なく集まり、数頭のネコたちがたいてい数メートルの間隔をあけて、ウトウト眠るような丸まった姿勢で座っているのです。

その後何度も遭遇し、観察をし続けていましたが、別段何も起こりません。集会のメンバーは日によって少々変化しますが、中には体を寄せ合っているのや、毛づくろいし合っているのもいました。こうした体のふれあいは、親子、兄弟姉妹、あるいは交尾期のオス・メスの間でなければ見られない親密な行動です。

「集会」はとても静かに進行しますので、声もほとんど聞こえません。時折、小さなうなり声が聞こえたり、ピクッと体が動いたりするのは、気の弱いネコが相手に近寄られすぎたときです。集会へ出席している彼らの表情は友好的で、耳が伏せられたり、背の毛が逆立てられることもありません。こうして会は夜半過ぎまで続けられるのです。

## 集会から見えてくる、2種類の〝ネコ〟付き合い

この様子からわかるのは、ネコは2種類の付き合い方をしていることです。一つは、比較的淡泊で、ナワバリを主張し合ってお互いに避け合っているように見えるもの。もう一

つが、時間と場所を決めて集会し、親交を深めるというものです。

矛盾したような2種類の付き合い方ですが、ネコ社会では食べ物を得る行動圏を共有しあう仲間との連帯を、集会を通じて絶えず強化しているのではないかと考えられます。顔を見せ合う集会というのは、ネコにとっての地域社会を安定させるうえで、どうしても必要なことのようです。見知らぬネコが次々に入ってきたら、限りある土地の食物が涸渇《こかつ》してしまうからでしょう。

ふだんの出会いでそ知らぬ振りを決め込むのは、「一匹猫」でいなければならないからでしょう。獲物はテリトリーのなかでは有限なうえに小動物なので、仲良くしていたら獲物が小さすぎてたちまち飢えてしまいます。あるいは、同じ獲物を何頭かで狙い、まんまと逃げられてしまうという愚を犯しかねません。

そのために、ふだんは互いに避け合うというクールな付き合い方をするのでしょう。単独者とも群れ生活者とも言えない、つかずはなれずの独自なタイプの社会組織を持っているのです。ネコたちは、孤独でありながら、あるときは家族的、またあるときは集団生活を営みます。人間がネコに共感を覚えるというのはこの辺りなのかもしれません。

# ネコにもわからぬミステリー・スポット

さて、野生を生きるネコたちの行動を紹介しましたが、室内飼いのネコたちもそう変わりはしません。彼らも同様に、毎日室内をパトロールしています。通常、野外をうろついているネコはおよそ５００ｍの範囲を行動圏としているので、室内のパトロールは楽なものです。それだけに、あらゆるものの位置、状態、匂いなどを調べ、記憶しています。なぜかというと、行動圏内のことを詳細に知っていることは安全につながっているからです。

ナワバリの地理をマスターしておけば、いざというとき、どこに隠れればよいか、どちらへ逃げればよいか、などに即応できるようになります。室内ではそんなことはないですが、外ではまごまごしていたら命取りです。

ところが、その行動圏内には、ネコにはどうしてもわからない場所がいくつかあります。ネコのとってのミステリー・スポット、それが風呂場やトイレです。「人間がときどき入っていくが、そんなところへ入っていったい何をしてるんだろうか……突如、水の流れる音がするし、匂いも違う。パトロールしているときとは様子がまったく違う、謎だ！」というわけで、飼い主がトイレに入るとネコはそっと様子を見に行きます。

隙間などから覗いていると飼い主に気づかれて「あら、〇〇ちゃん、来たの～」なんて声をかけられてしまい、どうも調子が悪いようです。一目散に逃げ去るネコもいれば、開き直って堂々と調べに入っていくネコもいます。ですが、いずれにしても彼らにはよくわからないようです。ネコの世界には風呂なんてないし、トイレはつまみを動かさないと水が流れない、ということが理解できないのでしょう。だから、翌日になるとついついまた確かめに行ってしまうのです。

## ネコにもわからぬミステリー・アイテム

毎日パトロールしている中で、ネコにとってどうしても理解できない物体が水です。水は、蛇口から勢いよく音を立てて流れることがあるかと思うと、ポタポタとリズミカルな音を立てて垂れる水滴のこともあります。風呂場などでは床一面に広がっていますし、なにより匂いが微妙です。飼い主の匂いもするけれど、せっけんの匂いもする。キラキラと輝くときもあれば、光らないこともある。掴《つか》もうとしても掴めない。そんな不思議な物体が水なのです。このネコの感覚は、人間の幼児にもあるようです。冷たい真冬の水道でもピチャピチャ遊んでいます。蛇口から流れ落ちる水を掴もうとしたりするところはネコと同じでしょう。

ネコたちは水道から流れ出る水とボウルに入っている自分専用の飲み水とは明らかに別物だと感じているようです。一部のネコには、流れる水や垂れる水ばかり好み、ボウルに入っている飲み水は飲まないという習性が見られます。なぜ飲まないのか……カルキが入っているから臭《くさ》いのではないか、ぬるいからではないか、などさまざまなことが言われています。

しかし、もしネコがカルキ臭いのを嫌っているのだとしたら、蛇口から流れ出る水はいちばん臭いはずです。それでも目を輝かせて飲むのだから、これはネコの好奇心がその臭さを超えていることになるでしょう。

その証拠に老ネコは水道にほとんど興味を示しません。体が重くなっているせいもあるかもしれませんが、あるいは「どうせ調べてもわからない物体だよ、水は……」と達観しているのかもしれません。いわば、水は好奇心のバロメーターというところで、水道に興味があるうちはネコもまだまだ若いということでしょう。

# 第三章

# ネコのココロを読み解く

## 気まぐれの秘密は、移り変わる4つの気分

野生ネコ時代、ネコは毎日狩りをして暮らしていました。ネコの一日の食事量は400g前後なので、50gくらいの小さな野ネズミだったら最低8匹は食べないとお腹が減ってたまりません。

ネコは、獲物を発見すると忍び寄り、チャンスと見たらとび出し、捕獲しますが、毎回必ず成功するというわけではありません。正確な狩りの成功率はわかりませんが、平原に棲むライオンやチーター、沼地で狩りをするトラの狩りの成功率はだいたい1割なので、野生時代のネコの狩りの成功率もそんなところでしょう。10回突進しても9回は失敗という厳しい世界です。

失敗するたびにいちいち落ち込んでいたら生きていけません。失敗にめげないために、彼らは落ち込まない方法を獲得しています。それは、失敗した直後に行う毛づくろい、爪とぎ、あくびなど。いつもはくつろいでいるときにやる行動をとることで気分転換を図りま

す。これは転位行動と呼ばれており、落ち込みそうになった気分をサラッと忘れるのです。たとえば、いたずらをして叱《しか》られたときにあくびをする猫がいますが、しらばっくれているのではなく、シュンとしぼんだ気持ちをごまかすために素早く気晴らししているのです。

遊んでいたかと思うと、急に真面目になる。怒っていたかと思うと、急に甘えてくる。撫でてあげて気持ちよさそうにしていたかと思った瞬間、鋭い牙で攻撃してくる……ネコは気分屋だとよく言われますが、祖先時代に気分の切り替えの早さで生き抜いてきたのだから、気まぐれな性格はネコ独自の進化ともいえます。

気分がくるくると移り変わってしまうなんて（そこが素晴らしい魅力のひとつではありますが）、ネコと心を通わせるのは難しい！　と思ってしまうかもしれません。ですが、ネコの心に巡っている気分はおおよそ4つで、状況に応じてそれらが入れ替わっているだけなのです。それぞれの性格を知り、気持ちを想像しながらネコと向き合ってみてください。

**①子ネコ気分**……しっぽを立てて甘えてきたり、遊びたがったりします。本来、子ネコ時代に見られる行動なので、ノラネコの場合は、成長するにつれてしなくなります。甘え

られる存在のいる飼いネコは、いつまでも子ネコの気持ちをもち続けます。

②**親ネコ気分**……飼い主のもとへ捕った獲物を運ぶのは、狩りができない飼い主を自分の子どものように感じているとき。空腹を心配しているのか、狩りを教えようとしているのでしょう。子どもをもった経験がないネコでも、母性や父性をもつことはあります。

③**飼いネコ気分**……お腹を上にむけて眠ったり、無防備な姿をさらけ出しているのは、室内で飼われていて危険が少ない飼いネコならではの気分です。飼い主や飼育環境に安心して、警戒心を解いているといえます。

④**野生ネコ気分**……狩り遊びに夢中になったり、夜中に突然運動会を始めるのは、野生のネコになりきっているときの行動。排泄をする前や後に駆け回る、通称「トイレハイ」も猫の本能がさせるものです。無防備な排泄中、敵に襲われないかどうかの緊張からくる興奮状態だと考えられます。

基本的な切り替えのパターンは、「子ネコ気分―親ネコ気分」と「飼いネコ気分―野生ネコ気分」です。「子ネコ気分―親ネコ気分」のときには、子ネコのように甘えて撫でられて

子ネコ気分
遊んで、
OK!
親ネコ気分
ほら、エサもってきたわよ
す、すみません
ポト
野生ネコ気分
砂が…
ヴニャー
ダダッ
飼いネコ気分
スカー
大胆な…

いたかと思うと、突然、落ち着いた親ネコのようにツンとすまして何事もなかったかのように振る舞うという瞬時の変化がみられます。

「飼いネコ気分―野生ネコ気分」では、私はお上品な飼いネコですというような優雅さを見せていたのに、窓辺に来たスズメを見つけて野生のハンターのような猛々《たけだけ》しさを見せたりします。

ネコによっては、成猫になっても「子猫気分」を強くもっていたり、逆に「野生ネコ気分」が強く自立していたりもします。移り変わる気分の根っこの部分である、ネコ本来の性格は飼い主の日々の観察でしか見抜けません。どうか優しい目をもって、愛猫がうれしく思うこと、嫌だと思うことを感じとり、双方にとっていい関係性を模索してみてください。

## 外で出会っても知らんぷりする理由は

外出先から帰るとき、自宅付近の塀の上などで愛猫を見かけることがあります。凛《りん》としたまなざし、ヒョウのような均整のとれたスタイル……「はて、こんなに野性的だっただろうか」と驚いてしまいます。部屋で見せる甘えたポーズとは正反対で、「他猫の空似」かと思うほど美しく見えることもあります。

いや、本当にわが愛猫に似ているだけで他所《よそ》のネコにちがいないと思いたくなり、「ミケちゃん！」などと声をかけてみると、知らんぷり。「うん、やっぱり他所のネコだ」と確信を持ちかけても、どうも腑《ふ》に落ちず、よくよく見ると、「おっ！　首輪！　あれはミケにまちがいない！」と気づいたところでこつ然と立ち去ってしまう。

完全室内飼いの場合はともかく、屋外で飼い猫を見かけることがある人は、このような体験も少なくないはずです。

人間の子どもにも似たような行動が見られます。遊んでいるところへ通りかかっても知らんぷり。夢中で気づかないでいるわけではなく、あなたが親じゃ恥ずかしいというわけでもありません。一種の照れ隠し、格好つけなのです。

しかし、ネコの場合は、照れ隠しでも、外面《そとづら》が良いわけでもありません。これは前述した「野生ネコ気分」に浸りきっているからなのです。それがたとえ、近所のブロック塀の上であっても、ネコの心には岩の上で自分のテリトリーを見張っているかのように感じているのかもしれません。

近づいてくる乱暴なネコもいない……漂ってくる匂いを注意深く分析する……とくに他のネコの声もしない……心地よく吹いてくる風に、見たこともないリビアの砂漠の雰囲気を味わっているのか……いや、リビアの砂漠というのは、ネコのルーツであるリビアヤマネコの故郷というだけの話でとくに深い意味はないのですが。

ともかく、野性気分を満喫しているときなのだから、あまりむやみに声をかけたりしない方がネコと私たちのためでしょう。無視され続けるのもあまり気分が良いわけではありませんから。

## 新聞の上にゴロ〜ン……その意味は？

ずいぶん前のことですが、海外取材に出かけてしまう知人からいきなりシャムの若ネコを預かったことがあります。ちょうどイヌもハムスターもウサギも飼っていなかったので預かったのですが、まあ、これがやんちゃなネコでした。部屋の中はネコ仕様にしていなかったので、狭い隙間に潜り込んではゴミと一緒に出てきたり、高いところにとびのれば、積んであったガラクタを落とし、はては一緒に落ちてくるという始末でした。

「イヌは人につき、ネコは家につく」と言われているように、ネコは生活している環境を重視します。単独で行動する習性があるから、行動圏の隅々まで知り尽くしておかないと安心できず、落ち着かないのです。かのシャム猫の行動も「ま、新しい環境に来て探索してるんだろう、しばらくは仕方ないな」とあきらめました。

ところが仕事をしていると、仕方がないでは済まされない状況となりました。机の上にとびのり、ふだんなら決して踏まない得体のしれない凸凹（キーボード）や、ツルツルの地面（広げている雑誌）などの上をずかずかと踏みつけ、コーヒーカップだってわざと触れてくるので、気が気じゃありません。さらに、腕や脚に自分の体をこすりつけてくるので、自由に身動きできません。

ネコは、飼い主や家具に顔の脇（こめかみ）、そして脇腹から順に、尾を軽くこすりつけて通り過ぎていくことがありますが、これは好きな人（飼い主）にまずは挨拶しているのであり、自分の匂いを軽くつけて注目されたい、自分の存在を知っていてほしい、かまってほしい気分の表れです。また同時に自身に人の匂いをつけており、いわば匂いの交換をしています。追いかければ逃げるくせして放っておかれるとつまらない、そんな裏腹な気分なのでしょう。

そんなときには声をかけてあげたり、軽く触れてあげると気が済むようです。なでてやるとますますすり寄ってきて、手に口の脇を押しつけたり、頭のてっぺんで突いたりすることもしばしばあります。それが済むとようやく人から離れたところへいって座り込み、乱れた毛並みを整えるかのように毛づくろいをしています。人の匂いと自分の匂いを共有し、仲間であることを確認しているわけです。「無視さえしてなきゃ、いいの」とでも言っているのでしょうか。

住み慣れた家であっても、飼い主がじっと新聞を読んでいたり、パソコンに向かっていたりすると、その上にごろんと寝ころぶネコがいます。これは、決してジャマをしているわけではありません。ネコは、自分のテリトリーの「いつもと違う」にとても敏感な生き物なので、動かずじっとしている飼い主に異変を感じとり「いつもと違うけど、どうしたの？」「私はここにいるよ！」と様子を見にきた、というところでしょう。

さて、件《くだん》のシャム猫はというと……やれやれコーヒーでも入れるか、とガス台の近くで準備をしているときにポーンととびのってきて、点火したガスに接近するという事件がおきました。「おっと～」とネコを降ろしても、時すでに遅し。ヒゲが熱でクルクルッとカールしてしまいました。

ヒーターに近づきすぎたネコなどに見られるカールヒゲ、その役割に支障はないものの、なかなかカッコのつかないものです。取材先から戻った元の飼い主は部屋に入ってくるなり気がついたようで、「どうした！　ヒゲが！」と、大慌てです。「ありがとうはないのかい、ありがとうは！」と言いたい気持ちは、グッと堪《こら》えましたが。ネコのありあまる好奇心とうまく付き合うコツは、ときにその気持ちに応えながらも、とにかく無心になることでしょう。

## ふみふみされる人、されない人

ネコと暮らしていると、いきなり膝にとびのってきて、慎重な動作で座り込むことがあります。少しまどろんだかと思うと、まず片足で、そして次にもう一方の足で、人のもものあたりかふくらはぎのあたりをもむように、あるいは踏みつけるように、リズミカルに交互に前足を押しつけはじめます。いわゆる「ふみふみ」というやつです。

かなり真剣な面持ちで、ゆったりと落ちついたリズムで踏み続けます。だんだんと踏みつけが強くなってくることもあり、こうなると、引っ込められてはいても爪の先端は鞘《さや》から少し出ていて、腿やふくらはぎのあたりがちくちくしてきます。

たまらずそっと抱き上げて床に降ろすと、ネコは飼い主の気分を推《お》し量《はか》れず、この仕打ちに当惑しているようで「なんで、なんで？　どうして降ろされちゃったの？」とでもいいたげです。飼い主は飼い主で、何本かの抜け毛を払いながら、ネコが足踏みのあいだによだれをたらしていたことを知って「ク〜ッ！」と困ってしまうこともしばしばでしょう。

この「ふみふみ」は、子ネコ気分がさせる幼児化行動です。確認するには、母ネコの乳首に吸いついて乳をのんでいる子ネコを観察するのがいちばん。子ネコはかわいらしいちっぽけな前足で母ネコの乳房あたりをもんでいます。人間の赤ちゃんも行いますが、このしぐさは乳首への乳の流れを良くするための動作です。あまりにも集中して気分に浸り、おいしいミルクをゴクゴク飲んでるつもりになっていて、よだれもたらしてしまったのでしょう。この「ふみふみ」はほぼ1～2秒に1回というごくゆっくりしたペースで行われ、ゴロゴロと喉《のど》を鳴らすことがほとんどです。

これを大人ネコが飼い主の膝で行うのだから、幼児化行動と考えるほかありません。イギリスの動物行動学者デズモンド・モリス氏は、「飼い主がくつろいで座っているという姿勢は、ネコにむかって『私はおまえに乳をやるつもりで横になっている母親ですよ』という信号を発しているらしい」といいます。大人であっても突然子ネコ時代にかえり、満足げに乳の出を促す動作を行うのです。体は大人、心は子どもとは人間であれば困った性質です。

一方で、ふみふみの洗礼を受けない人もいます。一つには、それはネコの方が母親と認めていない、もしくはそう認められるような信号を出してないからだと考えられます。また、自立したネコの場合もこのようなふみふみはしません。ならばいつも親ネコ気分なのかというとそうでもなく、変なところで子ネコ気分を出すこともあるので、完璧《かんぺき》に親ネコ気分だけというネコは少ないようです。

ふみふみはネコにとって思い出に浸れるなかなかないチャンスなのですが、あっさりと押しのけられたり宙釣りにされてしまい「どうなってんの?」くらいな気分でいるにちがいありません。ネコの母親はこのような拒絶反応を示すことはないので、さぞ疑問に思っていることでしょう。

ミルクやそのほかのごちそうをくれる人間は、ネコにとってあきらかに母親のイメージがあり、ゆったりと過ごしていると子ネコ気分が誘発されます。それなのに、気分を出してふみふみ~とやっていると、追い払われてしまう……このあたりに人間とネコとの関係に誤解が生まれているように思えます。人間の方がネコを人と同一視するのは許されても、ネコの方が同一視しようとすると拒否されるのです。大人のネコでも突如子なく子ネコ気分に切り替わることがあるのだということを知っていれば、人間とネコの間に生まれがちな誤解は避けられるでしょう。

## その爪とぎ、イライラのサインかも！

石巻沖、仙台湾の東のはしにある田代島《たしろじま》は日本最北のネコ島として知られています。さまざまな毛色のノラネコが50匹以上いますが、このネコたちの行動を調べるには、まずは1匹を選び出し（見た感じで、若くて好奇心旺盛なのがおすすめです）地図とカメラをもって10mほど離れつつ若ネコについていきます。

小さな島で、民家が標高20mあたりの斜面に密集して建っており、若ネコはその地域に住んでいるようです。いろいろなネコに出会っても、これといった挨拶行動などは見せません。落ちついていると思いきや、どういうきっかけなのかわかりませんが、突然、若ネコは坂道を下りはじめました。その先は港で、岸壁まではおよそ200mほど。若ネコは目的でもあるかのようにやや速足でスタスタと歩いていきます。

港は埋め立て地に作られており、坂が終わると平坦な土地に入ります。若ネコはそこでいったん立ち止まり、港の方を眺めました。平坦部は幅50ｍくらいの広場になっており、漁師が網を干したり船の手入れをしたりしているのが見えます。すると、若ネコは体を低くして小走りに岸壁に向かいました。そのはるか前方、岸壁の縁にウミネコがとまって海を眺めています。ウミネコは茶色でまだ幼鳥、若ネコはその若ウミネコに狙いをつけたのでした。

若ネコは音もなくツツツーッと接近すると全速力で走り出しましたが、そんな広場じゃアンタの姿は見え見えだとばかりに、ウミネコは余裕をもってフワッと舞い上がり、大きく弧を描いて海の上を低く飛んでいきました。走った若ネコは、ウミネコが立っていたところまで行って、忌々《いまいま》しそうにウミネコを眺めていました。うつむいてトボトボと5ｍほど歩くと、そこに突っ立っている網干し用の柱でバリバリと爪をとぎました。

この爪とぎは気分転換のための転位行動です。その状況にはそぐわない行動をとることで、心を平穏にさせています。

ネコだけではなく、人間もいろいろな転位行動を見せます。壇上でスピーチをする人を観察していると頭を掻《か》いたり、メガネの縁に手を当てて調整してみたり、こぶしを握りしめたりしますが、これは全て転位行動です。頭なんか痒《かゆ》くないし、メガネはずれていないし、ケンカじゃないからこぶしを握りしめるなどという必要はなく、その状況にはふさわしくない動きをして、気分を落ち着かせているのです。

若ネコは狩りに失敗し、内心は口惜しさとむかつきと、たぶん格好悪かったとでも感じたのか、爪とぎで気分を落ち着かせたのでしょう。このほかにもネコは転位行動を見せます。眠っているのをジャマされたときなどは、ネコはすぐにその場を立ち去るようなことはせず、これ見よがしに大きな伸びをしたり、あくびをしたりします。これも転位行動で、ジャマされたのを訴えつつ、イライラや攻撃したい気分を抑えています。

舌打ちや舌なめずりも転位行動のことがあります。おいしそうな獲物がガラス越しにいたりすると、すぐ目の前にありながら実際に手に入れられないので、頭を引き、顎《あご》を打ち合わせて舌打ちのような「カカカ……」という音を出したり、あるいは舌なめずりをします。顎を打ち鳴らすのは獲物を仕留める行動を先取りしています。

また、体を舐めるのも転位行動のことがあります。休息や食事、あるいは散歩など、なにかをしていたのを人間などの出現で中断されると、鼻や肩、前・後足を舐めます。舐める部分はそのネコによってたいてい決まっており、こうすることで気分を変えようとしているのです。

さて、爪をといで気分を一新していたあの若ネコはというと悔しそうだった様子からは一変し、足どりも軽やかに住居のある高台へ向かう坂道を上っていきました。

あの失敗はすっかり忘れてしまったのかというとおそらくそうではありません。個体差はありますが、ネコは失敗から学ぶことができる動物です。カモメに逃げられたことはきっと脳に刷り込まれているので、次回はもう少し近くまで接近できるにちがいありません。

## ネコは人間をどう見ているのか？

かわいがっているネコが飼い主のことをどう見ているのかというのは、たいへん気になるところです。偉大な飼い主様なのか、母親がわりなのか。それとも一説にあるように、大きくてのろまなネコの一種であると思っているのか……聞いてみたいところです。今のところネコとは直接会話ができないので、その手立てはないということになりますが、ネコを行動学的に見ると少しだけ推測できます。

「人間をどう見ているか」を解き明かすには、二つの点について考える必要があります。まず一つは視力です。一般にネコの視力は、イヌよりも優れていますが、人間ほどではないと考えられています。愛猫が大好きなオモチャも、ちょこまかと動かしてやらなければ見向きもしないように、ネコは動かないものに対して鈍感です。

そして二つ目が、彼らの社会的行動についてです。それに関して、ある実験を紹介しましょう。

まず、ネコと同じくらいの大きさのネコ型のシルエットを壁に貼り、ネコを呼びます。すると、シルエットのネコを見つけて興味深そうに寄っていきました。まずは鼻とおぼしき所へいって、鼻づらで触れるようにして匂いを嗅ぐ仕草を見せ、次いで尻の方へ行きます。一方、トラのように大きなシルエットを見せると、警戒して近寄りませんでした。

鼻先、次いで尻の匂いを嗅ぐという行動は、ネコ同士が出会ったときに行う挨拶と変わりません。シルエットを本物と間違えるなんて！　と思われるかもしれませんが、挨拶というのは「相手を確かめて調べる」という意味もあります。この場合は、シルエットが本

ネコ同士でも

クン
クン

ネコのシルエットでも

クン クン

人間でも

大きな生物だニャ〜
クンクン

同じように挨拶をする

物のネコかわからなかったのではなく、「見知らぬモノだぞ」と調べにいったのでしょう。

たとえば、外出先から戻ると、家で待っていたネコが駆け寄ってきて、荷物をチェックされたことはありませんか。カバンやズボン、買い物袋などの匂いを熱心に嗅ぐ、この行動とシルエットに対する挨拶はほとんど変わりません。初めて見るものに対する好奇心と、ナワバリにやってくるものはすべてチェックしようとする探究心の表れです。

ですので、ネコはシルエットを本物のネコだと思い込んだわけではなく、絵だとわかっていながらも、好奇心旺盛で確かめずにはいられなかったのです。

また、飼いネコではなくヤマネコに対し同じような実験をした例もあります。野生ネコの剥製《はくせい》を置いて、それに対するヤマネコの行動を観察しました。その結果も、シルエットに対する行動と同じで、鼻先と尻の匂いを嗅ぐというものでした。ネコは、ネコ以外のもの（剥製、シルエット）に対してでも、ネコに対してするのと同じ行動をとるのです。

この実験から、対象がどんなものであろうとも、ネコが行う社会的行動はほぼ変わらないということが推測できます。それがもっと顕著にわかるのは、ネコと遊んでいるときでしょう。

イヌは、イヌ同士で遊んでいるときと、人間と遊ぶときのじゃれ方や態度が大きく変わります。一方で、ネコは人間と遊んでいるときも、ネコ同士と同じような態度をとります。毛づくろいのお返しに体の一部を舐めてきたり、しっぽをピンと立てて甘えてきたりという行動は、ネコ同士の間で見られる行動とまったく同じです。こうした習性から、イギリスの生物学者ジョン・ブラッドショー氏は、「ネコは人間のことを大きなネコだと認識しているのではないか」という説を唱えました。

平原で群れて生きる道を選んだイヌには、「上下関係」という概念があるので、飼い主のことを自分の「主」だと認識することができます。単独行動でマイペースなネコには「主」や「上下関係」といった概念はありません。ですので、〝大きな同種だと認識している〟という説もあながち間違いではないのでしょう。

私は、大きなネコだと思っているというよりも、狩りがへたくそで大きいくせして子どもみたいな、それでいて妙に目の位置が高い生き物、つまり人間という生き物だと認識しているのではないかと思います。

そして、ネコの瞬時に切り替わる四面性によって、人間を大きな子ども扱いしたかと思うと、あなたはりっぱな親ですと切り替えたりするので、ネコが人間をどう思っているのかわからなくなるのでしょう。人間がネコをほとんど理解できないのと同じく、ネコも人間をよく理解できないのです。

## ネコの心は大人らしく成長する？

動物の年齢は、しばしば「人間でいうと○○歳」と表されます。たとえば、2015年7月の某新聞には「世界最高齢のレッサーパンダ死ぬ　北九州、24歳の長寿」という見出しがあり、記事には、「到津《いとうづ》の森公園（小倉北区）で飼育していた雄のレッサーパンダ〝楠《くす》〟が24歳で15日に死んだと発表した。園によると、人間なら108歳ぐらい。レッサーパンダの平均寿命は14～17歳ぐらいといわれ、世界最高齢に認定されていた」とありました。

この表現は、一般の人々が動物の寿命の長さをよく知らないということから、サービスで言っているにすぎません。24歳といえばまだまだ青年である私たち人間からすれば、件の楠くんがいかにご長寿おじいちゃんだったのかはピンとこないのでしょう。しかし、こういった表現はわかりやすくはありますが、鵜呑《うの》みにするのはやや危険です。

動物園などでも、年齢については「人間との比較はわかりやすいものの、動物の生態とずれることもある。生態が違いすぎて、単純には比べられないのである」というスタンスがよくとられています。

また、平均寿命がわかっていない動物も多々います。たとえば、20年という世界最長の飼育歴を持つジンベエザメ〝ジンタ〟がいる沖縄美《ちゅ》ら海《うみ》水族館によれば、血中ホルモンや生殖器の成長度合いから、ジンタはここ数年でようやく大人になったのではと考えられています。飼育員は「ジンタより長い飼育例がないので、平均寿命もわからない。今は人間とは比べようがない」と話しており、人間の年齢という定規のわかりやすさにかくれた曖《あい》昧《まい》さは明らかです。

こういった動物飼育の専門家たちによる忠告を念頭におきつつ……ネコの年齢について考えてみましょう。そもそも、動物の年齢を人間に例えるときは、「目が開いた」「歯が生えはじめた」「手足がしっかりしてふつうに歩きはじめた」「性成熟」「平均寿命」「長寿記録」などの年齢を基準点として、人間と比較しています。

ネコの場合で言うならば、次のようになります。

**「目が開く」**——生後8〜10日ですが、人間はネコより育った状態で生まれ、生まれたときにはたいていすでに目が開いているので、残念ながらこの時点では比較になりません。

**「歯が生えはじめる」**——ネコでは生後2週間目くらいからです。対して人間では生後9ヶ月前後ですが、その幅が広く、生まれたときに1本生えていたということもあれば1歳半になっても生えてこないという例もあります。この歯の生えはじめだけを基準にして比べると、ネコが生後0・5ヶ月、人間が9ヶ月であるので、ネコは人間の18倍の速度で成長していることになります。

**「歩きはじめる」**——歩き方の様子などの個人差が大きいですが、ネコではだいたい生後28日が平均です。人間は生後1年が目安であるので、これではネコは人間の13倍で成長していることになります。

**「性成熟」**——ネコでは約9ヶ月、人間は約12年なので、歩きはじめから性成熟までの間は16倍の速度で成長していることになります。

**「平均寿命」**——ネコは10歳ほど、人間は日本人で82歳なので、この間はネコは人間の8・

2倍で歳をとっているといえます。

**「長寿記録」**――ネコは36・5年の記録が青森県にあり、人間では116歳とされるから

ネコは3・2倍の速度で歳をとっていることになります。

それぞれの基準点に達するまでの道のりが、いかに人間とは異なっているかわかっても

らえたでしょうか。以上のような記録をいろいろ平均した結果として、ネコはだいたい人

間の6倍の速さで歳をとっていると言われているのです。

では、ネコの心の方はどうでしょう。年齢に見合った成長を遂げているものなのでしょう

か。通常、ネコの心は母ネコ、それと兄妹ネコによって育てられます。まず、ネコは、生

後2週間が過ぎて自分で自由に動き回れるようになる頃から「社会化」という時期に入り

ます。母ネコのすること見たり、兄妹ネコと取っ組み合いをしながら、体力をつけ、ネコ

としての生き方を学んでいきます。

毎日毎日、遊んでは眠るのを繰り返しながら、ほかのネコとの接し方、獲物の捕り方、

やっていいことと悪いこと、トイレの仕方などを実践で身につけていくのです。生後12週

頃までこの社会化の勉強が続きます。やがて独立して1匹だけで生きていくための準備というわけです。

ネコは人間よりも平均6倍の速度で成長していきますが、精神的にももちろん成長します。ただしそれは、適切な社会化期を過ごせばの話です。こうした期間がなければ、ネコとしての社会性を身につけられず、突然キレるネコ、咬《か》みつくネコが出現してしまいます。人間でも幼児期に社会化が行われるはずですが、その時期を適切に過ごしていないとネコ的大人が出現します。

なので、ネコの心のあり方についての問題は、人間サイドにあるといえましょう。ネコにいつまでも子ネコらしくかわいらしく接していてほしいと思い、一匹きりを甘やかしてばかりいると、ネコの幼児化を促してしまいます。

結果として、大人ネコでありながら精神は子ネコ……かと思っていると、いきなり逆転して飼い主を子ネコだと思い込む母ネコ心が芽生えたりと、混乱した状況が生じます。ネコは気まぐれで困ったものね、という状況は、人間の願いによって助長されているのです。

## しっぽが表す喜怒哀楽

ネコの気持ちがもっとも現れるパーツといえば、しっぽが挙げられます。第一章で述べたとおり、変幻自在に動くネコのしっぽはさまざまな機能を持っています。バランス感覚を保つ以外にも、自分の感情を周りに伝える（伝わってしまうだけかもしれませんが）ツールとしても役立っているのです。

たとえば、驚いたときや非常に怒っているとき、しっぽは2〜3倍ほどに膨《ふく》らみます。この仕組みは、毛を立てたり寝かしたりする立毛筋の働きによるもの。

ときに、ネコの体毛と筋肉の関係は非常に密接しています。毛一本につき、筋肉一本があると考えていいほどです。立毛筋は、体毛が生えている動物の体表のごく浅いところに位置しており、寒さや緊張を感じると収縮して毛を立てます。冬のネコがふっくらと太ったような体つきになるのは、綿毛が増えて空気をより多く取り込むことができるからです。

ちなみに、私たち人間が寒いときに鳥肌が立つのは、毛がないながらに立毛筋が働いて、肌

ごきげん
真上にピンと立てる
遊んで〜
真上に立てて先だけまげる
うれしい
真上に立てて震わせる
興味津々
ナニ?
ナニ?
ゆるやかに振る
イライラ
ブン
ブン
激しく振る
怒り
太くする
ビクビク
ヤダ…
足の間に隠す
警戒
体に巻きつける
平常
ぶらんと垂らす

が凸凹するからです。

さて、驚いたときにも膨らむのはいったいどういう仕組みかというと、緊張状態の際に分泌されるアドレナリンが立毛筋を収縮させ、文字どおり毛を逆立たせているのです。おそらく、傷を受けたときの被害を少なくさせるためでしょう。

怒ったときも同様です。よく体を大きく見せて相手を威嚇《いかく》するといわれますが、意識して尾を太くしているわけではなく、また意識して尾を太くすることはそもそもできません。私たちだって意識的に鳥肌を立てるのは難しいのと同じで、緊張したときの反射で毛が立ち、太くなるのです。

しっぽが太くなったら緊張、怒り、威嚇の気分でいることがわかるように、ほかにもしっぽの動きはネコの気分を大いに表現しています。相手を誘うときには尾を立ててゆっくりとなまめかしく振りますし、気分が悪いときはパタン、パタンと床に打ち付けたりします。

また、垂直にぴんと立てるのは、うれしい気持ちを表しています。外出から帰ると愛猫がしっぽをピンと立てて出迎えてくれるというのは、飼い主にとってもうれしい光景です。

この、しっぽを垂直に立てるというのは、ネコ科の動物に共通するしぐさです。通常、子ネコが生まれると、母ネコは生後12週を過ぎた頃狩りに連れ出します。いまは1頭を室内で飼育する時代なのでそんな光景を見るのはまれですが、その様子を見ていると、先頭を行く母ネコはまるで旗を掲げているかのようにシッポを垂直に立てて歩いています。

また、しっぽの皮膚には臭腺《しゅうせん》があり、匂い成分を分泌しているので、単なる視覚的な目印という意味に加え、匂いによる誘引作用もあるようです。深い森の中や真っ暗な中を行動するときには、匂いは大変有効に働きます。

トラ、ヒョウ、チーターなどの大型ネコ類の尾先が白いのは、夜、草原を移動するとき、子どもたちは暗闇でも目立つ白を目当てに追従するからです。一方で、ライオンは黒い房毛が生えていますが、体全体が黄褐色で模様がないから、白でなくて黒でも目立つのかもしれません。

しっぽにはそもそも、この「目立つ」「目印」的な尾の働きがあり、人に飼われるようになってから、自分に注意を向けてほしいときに意識的に使うという用途をネコのみが身に着けました。冒頭で書いたように、しっぽで軽く触れていくのが典型ですね。

母と子をつなぐしっぽの役割はもう一つあります。子どもたちを連れて歩くときの旗であると同時に、もう少し幼い頃に子どもたちを遊ばせた「猫じゃらし」でもあるのです。ようやくしっかり歩けるようになった頃には、子ネコにとってはすべてが未知の世界であり、見るものすべてに興味をもちます。そんな頃、母ネコはしっぽを使って狩りの練習をさせはじめます。子ネコはチョロチョロ動くしっぽを見つけると、懸命になってしっぽを押さえつけようと奮闘し、しっぽを追いかけることを覚えると、自分のしっぽにも挑戦します。追えば逃げるしっぽは不思議な存在で、クルクルと回る羽目《はめ》に陥《おちい》るのですが、飽きるまでやり、とうとうそれは自分のしっぽであることに気づくのです。

この「しっぽじゃらし」は野生ネコも同様です。ライオンの尾は黒い房がついていてよく目立ちますが、子どもライオンはこの房を獲物に見立てて追い回します。母ライオンだけでなく群れのオスもやることがあり、オスは遊ばせなれていないせいか、ときどきまともに咬みつかれています。子ネコもそうですが子どもライオンの牙は鋭く、オスは「痛て～！」とばかりに若干うなりますが、怒りはしません。

この行動は大人ネコになっても退屈しのぎにやることがあります。子ども時代のように延々とはやりませんが、何回か追い回すのはたびたび見たことがあるのではないでしょうか。

これは、幼児の頃の行動を引きずっているしぐさです。ネコは人に飼われるようになってから幼児化したと言われますが、この行動も幼さ、あどけなさを示しています。少し意地悪に推測するならば、人のもとで子ネコのように振る舞うことで、いいことが起きたという記憶が遺伝子レベルで残っているのかもしれません。

ともあれ、ネコの気持ちを読み解くのに最も有効的なのがしっぽです。太くする、ピンと立てる以外の感情も汲《く》むことができれば、ネコとよりよい関係を築けるはずでしょう。ぜひ99ページの図を参考に、愛猫の気持ちを察してみてください。

## ネコ語が手にとるようにわかる方法とは

105ページにある、ドイツのマックス＝プランク行動生理学研究所のP・ライハウゼンによる猫の表情と感情の変化を表した図はネコ好きの間にもよく知られているようです。しかし、実際にネコと暮らしていると、当然ながらネコの表情はこれだけではないことに気がつきます。姿勢についても、怖がっているのか怒っているのかどちらともいえない中間的な体勢も多々あります。顔の表情によるコミュニケーションと、ボディランゲージ、鳴き声によるコミュニケーションとは、人やほかのネコとの距離で使い分けることが多いようです。ネコと長く接している、いわゆるネコ経験値が高くなければ、気持ちの正確な読み取りはなかなか難しいのですが、ここでは読み解くヒントをご紹介します。

**【表情】**

単独行動派のネコはどうもクールに見えるようで、表情も少なく思われがちですが、実はネコ科動物はヒト、サルなどに次いで表情筋の多い生き物です。

表情が少ないと思われているゆえんは、あまり大げさに表情をつくらないからでしょう。しかし、よく観察すれば感情が顔つきから丸見えという場合もしばしばあるほど、ネコは表情豊かな生き物です。ネコの感情が顔に表れやすい部分は、耳（立てたり伏せたり、ねじったりします）、瞳孔（針のように細くなったりアーモンド形に広がったりします）、視線（穏やかな視線か鋭い視線をたたえています）、口の筋肉の動きがもとになっているヒゲの向き、牙の見え具合などです。

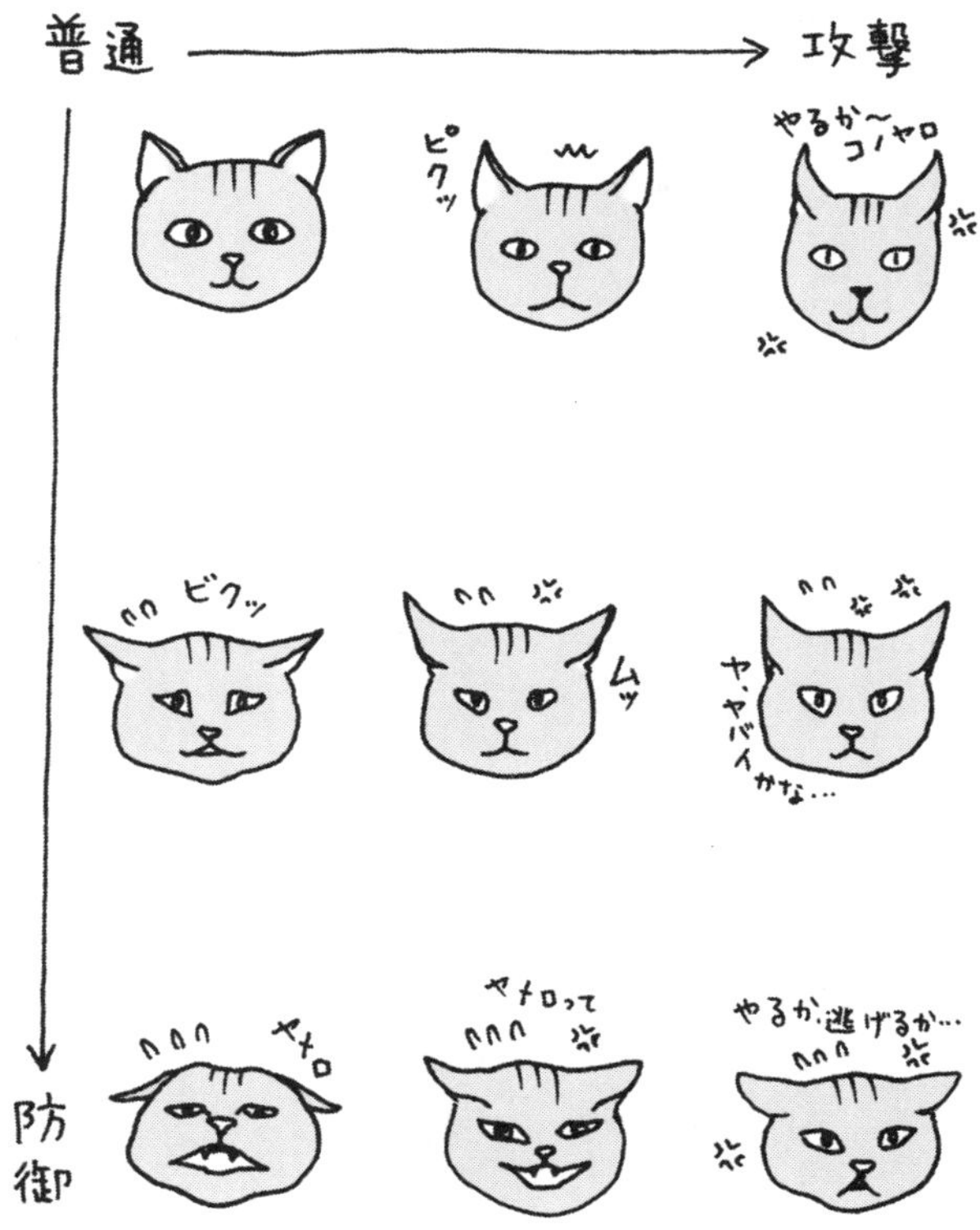
普通
攻撃
防御
ピクッ
やるか〜コノヤロ
ビクッ
ムッ
ヤ、ヤバイかな…
ヤメロ
ヤメロって
やるか、逃げるか…

大きな耳すなわち耳介《じかい》は、表情に大きな影響を与えています。耳介には12本の筋肉があるとされ、ピョコピョコと自由自在に動きます。ふだんは前向きであっても、物音や気配そして気分に応じて、横方向に向いたり、伏せたり、後方に引き倒し前からは耳介が見えなくなることもあります。

口はたいてい、ゴムパッキンのような黒い唇で縁取られています。激しく怒っていると、頬は引き上げられ、鼻にシワが寄って、白い歯、とくに牙が外面に表れます。黒い縁《ふち》に白い牙のコントラストがその気分を強調させ、牙が剥《む》き出ると相手は本能的に危険を感じます。先端のとがった部分にも効果があるのでしょう。

これらの顔の動きをよく観察する方法は、目をできるだけ見ないことです。大きく美しい目はインパクトが強く惹き付けられるので、どうしても口先や頬の動きを見損ないます。目以外に着目してみると、それぞれがつくり出す表情が見えてきます。パーツの捉え方がわかってきたら、目も一緒に見ながら、顔全体が表している表情を読み解きましょう。

**【体勢】**

野外にいるネコが表情と体勢で視覚的なコミュニケーションをとるのは、兄妹、親類、恋敵といったほかのネコと出会ったとき、獲物を見つけたとき、外敵に見つかったときなどで、基本的にはほかのネコや生き物と出会ったときです。

さて、その体勢や表情がいかにつくられていくかというと、ふつうは視覚から、ときには聴覚から入ってくる情報で行動が開始されます。

まず、思いもよらない場所で見知らぬ人の姿を見たりすると、ネコは緊張状態に入ります。すると、アドレナリンが出て、顔も含む全身の筋肉がやや収縮します。安全を確保するために腰は低く、それに好奇心もあいまって、ワクワクしているようなビクビクしているような微妙な表情となります。

情報源が近いと判断されると、頭をやや下げて目は鋭くなります。あたりを注意深く見回すためです。さらに情報を得ようと耳介はピンと立ち上がります。「一発お見舞いしてやろうか、それとも逃げようか……」攻撃心と逃走心という矛盾した気分が生まれて、また違った表情となります。姿勢はやや起こしているでしょうか、好戦的になっています。

相手が視界に入ると、さらに五感を働かせ相手を識別しようとします。知っている相手ならば目をそらして「フン、なーんだ」とばかりにとたんに無視しだしますが、未知の相手だと緊張が高まります。

全神経を相手に集中させたまま、挨拶すべきか、逃げるべきか、無視すべきか、迷います。たいていは、一度、目だけそらして一応は戦う意思がないことを表しますが、それからは相手次第でしょう。相手も同じく戦う意思を示さなければ、視線も穏やかで柔和な表情となります。

反対に攻撃的な態度を察知すると、瞬間的に逃走するか、あるいは牙を剥きだし耳介は横方向へ寝かせ保護し、臨戦態勢となります。「こ、こっちへ来るなら黙っちゃいないぞ！」という最高度の恐怖、怒りの表情です。それ以上近づくと即攻撃することを表しています。

そのとき体勢はというと、攻撃したいけれど逃げたいという気持ちそのままのように、相手に対して横向きで、背を高く丸くした姿勢となります。経験の少ないネコほど危険を敏感に感じるため頻繁にこの姿勢をとります。緊張のあまり、その姿勢のままピョンピョンと垂直とびを見せることもあります。

戦いが始まり、押さえつけられるなどして形勢が危うくなると、背を地面につけて四肢で蹴とばすなど防御態勢に入ります。ちなみに、飼い主に遊んでもらっているとき、腕に抱きついてきてキックを連発するのは、この形勢逆転のキック攻撃のつもりなのでしょう。逆転の必殺ワザが披露されたということは、ネコがあなたとの遊びに夢中になっている証拠です。しかし、その後あまりに興奮させすぎると、攻撃される！　と本気で思ってしまい死に物狂いでとびかかってくるかもしれません。キック攻撃を助長するのはほどほどに。

顔の表情やしっぽ、体勢など、ネコは体中を使って相手へ気持ちを発しています。それらを察して、ネコと人どちらにとっても暮らしやすい配慮ができるような飼い主こそが、ネコに愛される人となるわけです。

## 謎の多きゴロゴロ音、ご機嫌とは限らない？

ネコの集会を観察しているときには遠すぎて声は聞こえなかったのですが、「ゴロゴロ……」と喉を鳴らすものもいるようです。このゴロゴロ音、たいていは気分の良いときに出します。膝の上に座り込んだネコの喉を軽く指でさすってあげると、ゴロゴロと低い音が聞こえることがありますね。表情は目を細くしてうっとりとして、快適、そして快感なのでしょう。

ところで、ネコが生まれてはじめてノドを鳴らすのはいつなのでしょうか。イギリスの動物学者デズモンド・モリス（『キャット・ウォッチング』　１９８７　平凡社）によれば、ネコは生後わずか1週間目でゴロゴロ音を出すといいます。母ネコの乳を飲みながら、喉を鳴らしているのです。

なんのためかというと、子ネコたちが不備なく食事できていることを母ネコが横たわったまま察知するためだ、という説があります。子ネコが「満足したよ」の気持ちを表すサインなんですね。

ときには、ひどく苦しいときや傷ついているとき、出産のときなどにもゴロゴロ音は出ています。モリス氏は、こうした状況でのゴロゴロ音について「喉鳴らしは友好的な社会的気分を伝える手段であって、たとえば、傷を負ったネコが獣医にいたわりを求める信号であり、あるいは飼い主に心づかいを感謝する信号なのである」と述べています。

モリス氏が言うように、助けを求めるサインなのかもしれませんが、よく観察してみると、苦手な爪切りをされたときや、体調がすぐれないときにもノドを鳴らしていることがあります。なので、自分の気持ちを落ち着かせたいときに「大丈夫、大丈夫……」と自身に言い聞かせているとも考えられます。

この「ゴロゴロ音」はどういう仕組みで鳴るのでしょうか？　かつて、「ゴロゴロと喉を鳴らす」という言い方について、「ゴロゴロ音は喉から出ているのではない！」と、強い調子のお叱りを受けたことがありました。

その方は、ゴロゴロいう音はネコの喉頭とはなんの関係もなく、血液の巡りによる音だという説をとなえていました。「血液乱流説」と呼ばれる説です。

その仕組みをご説明しましょう。心臓に向かう大静脈の血流が増すと、乱流が生じます。大静脈は胸の下方、つまり横隔膜《おうかくまく》を通り抜けるところでいったん細くなっているのですが、その部分で乱流がもっとも強くなり、この渦巻く血液が低い音を出します。横隔膜がその振動音を増やし、あちこちで共鳴してゴロゴロという大きな音になるのだというわけです。

これに対して喉から出ているというのは俗に「仮声帯説」と呼ばれます。ネコは、通常の声帯以外に、喉頭室皺壁《こうとうしつしゅうへき》という仮声帯を持っており、喉頭筋を収縮させることによって、ゴロゴロ音を出すという説です。

長い間、この二つの説のどちらが正しいのかということで、多くの動物学者が侃々諤々《かんかんがくがく》の理論を交わしました。ネコの喉に指を当ててみれば、そこが振動しているではないかと思ってしまいますが、なかなか答えの出ない争いでした。

しかし、20世紀末になって、アメリカのトゥーレイン大学の生物学者ドーン・サイソムの研究チームが、ドイツの動物学者、グスタフ・ペータースの協力のもと、ネコのゴロゴロ音の仕組みを解明しました。その実験はこうです。

10匹のネコにそれぞれ高感度のマイクを付け、集められたゴロゴロ音のサンプルをいくつかの音域に分解し、どんな高さの音が、どれくらいの時間鳴っているのかを調べました。

その結果、「ゴロゴロ」の音量はおよそ65デシベル、小声の会話くらいの大きさで、咽《いん》頭《とう》の持続的な振動によるものとわかりました。そしてその振動の様子から、ゴロゴロ音は、咽頭の筋肉が声門（二枚の声帯の間にある隙間）をリズミカルに開閉し、そこを通り抜ける空気流を震わせることで鳴っているとわかったのです。

喉を通る空気が震えることによって鳴るといっても、呼吸に共鳴して起こるのではありません。この運動は脳内の「インパルス供給装置」という神経中枢の活動によるもので、ある環境や気分において、脳内のこの部分を刺激されると、「ゴロゴロ」が起こるのです。

その気分とはうれしいときや落ち着きたいときというわけですが、また一方で、２００９年にはイギリスの研究チームが、ネコの中にはゴロゴロ音を利用してしたたかに生きているものがいることを発見しています。子ネコ時代に乳を飲みながらゴロゴロ鳴らすのとは違い、したたかなネコは、お腹がすくとゴロゴロ音に人間の赤ん坊が苦痛を表すときの泣き声に相当する周波数の鳴き声を混合するというのです。

研究チームは、10匹のネコから、ゴロゴロ音単独と、ゴロゴロ音とニャーニャー音（鳴き声）の組み合わせを録音し、ネコの飼い主を含む50人の被験者に聞かせました。

すると被験者は、ゴロゴロ音単独に比べて、ゴロゴロ音とニャーニャー音の組み合わせは、より緊急でまた不快だと感じたといいます。これは、ネコを飼ったことがない人でも同様だったようです。

ネコによって個体差はありますが、ただニャーニャー鳴くだけでは食べ物は得られない

ということを悟り、ゴロゴロ音を組み合わせることで、飼い主に切羽詰まった気持ちにさせる音を鳴らしているのでしょう。
飼い主に押しのけられたりせずに「たべもの、ちょうだい！」という要求をうまく通すべく、「わかったから、そんな声出すのやめて〜！」と言いたくなるようなゴロゴロ音を巧みに操っていたのです。

## かわいいネコはモーツアルトがお好き

ネコには高音側に標準の音域があります。つまり、高い音を聞き取れるよう、耳が高音に標準を合わせているということです。低い音に関しては、人間とイヌとネコの間に感受性の違いはほとんどありませんが、それは小型げっ歯類や小鳥を狩る動物にとって重大な音域ではないからです。

そのせいか、ネコは女性の声は好きだけれど男性の声は嫌いだとよく言われています。ネコは大きい物音を嫌うので、女性の方がものの言い方が静かなこともあるかもしれませんが、高い音域の方がよく聞こえて安心するという理由も考えられます。

もう一つ、「ネコはモーツアルトが好きだけれど、ベートーベンは嫌い」という説もあります。こちらも声や話し方と同じ理由でしょうか、確かにモーツアルトの方が音域が高めで静かです。いきなりジャーン！　なんていう雷のような音も混ざっていません。

この説については、本当にネコがそう感じているのかどうか断言してよいものか難しいところです。実験しようにもさまざまな条件をクリアするには問題が多すぎるからです。

ところが、２０１５年４月、ポルトガルのリスボン大学などの研究チームが、ネコとクラシックの関係を解き明かしました。「全身麻酔をかけて避妊手術中のメスネコに静かな沈んだ感じのクラシック音楽を聴かせたところ、何も音楽を聴かせない場合に比べて呼吸数などが落ち着いた」と、国際猫医学会（ＩＳＦＭ）の学会誌に発表したのです。

実験は生後6～12ヶ月のペットのメスネコ12匹のデータをとっています。彼女たちの平均体重は約3kgです。麻酔をかけたネコにヘッドホンをつけ、クラシック、ポップ、ヘビーメタルの曲を2分ずつ聴かせ、呼吸数や瞳孔の開き方から麻酔の効果を調べる作業を手術の過程ごとに計3回行いました。ネコたちにしては大事な手術中に迷惑な話です。

ちなみに、何を聴かせたかというと、クラシックはアメリカの作曲家サミュエル・バーバーの「弦楽のためのアダージョ」、ポップ音楽は女性歌手ナタリー・インブルーリアのヒット曲「トーン」、ヘヴィメタルは有名バンド「ＡＣ／ＤＣ」の「サンダーストラック」を使いました。それぞれの曲に各ジャンルの特徴が強く表れている、絶妙な選曲と言えましょう。ぜひ一度聞いて、ネコたちの気持ちを想像してみてください。

この実験により、快活なポップ音楽の場合は落ち着く効果が弱く、激しいヘヴィメタルでは逆効果で、クラシック音楽では呼吸数などが落ち着いたという結果を得ることができました。クラシック音楽の効果を利用して麻酔薬の量を減らすことができれば、全身麻酔のリスクが下がり手術の安全性が高まると期待されています。ネコはイヌと違って麻酔が

ネコにとって
心地良い音に囲まれた環境

難しいので、この実験結果はネコ界にとっては朗報でしょう。今後はイヌでも実験する方針だといいます。

　さて、男性の声、女性の声についてはどうかというと、この真相は未だ明らかになっていません。ですが、かつてアメリカのサザンメソジスト大学の心理学者ダイアン・ベリー氏が、ネコではなく人間にとって好感度の高い声質の傾向を調べたことがありました。

　まず、124人の被験者にAからZまでのアルファベットを読み上げさせ、その声を録音し、その音声データを別の90人に聴かせて声の魅力を採点させたところ、女性は子どもっぽくてかわいらしい声に高い得点を与えたのに対し、男性は大人っぽくて渋い声質に高い得点を与えました。この結果から、男女によって好みの声の傾向がわかれるということが証明されました。

好みは違うと言えども、公共の場所でのアナウンスなどは女性の声が圧倒的に多いようです。思うに、男女ともに女性の声の方が安心するのかもしれません。男性がネコに好かれたいと思ったら、それこそ「猫なで声」を出しながら接近するのが良さそうです。ただし、男性が「ネコちゃ〜ん」なんてかわいらしくやってると、惹《ひ》かれるどころか、引かれてしまう恐れも十分にありますので、周囲には十分ご注意を。

第四章

# ネコと心地よく暮らすために

## ネコに食べさせてはいけないもの《動物質編》

食事の時間になるとすり寄ってくるネコのかわいい顔に、ついついおすそ分けをしたくなります。ですが、愛猫に健康で長生きしてもらうためには、私たちの食事をそのままあげるのはとても危険な行為です。

欲しがってくるのに、与えないのはかわいそう……というのは私たちの勝手な思い込みであり、本来は食べるはずもなかった人間の食べ物ものを摂ったことで、体調に支障をきたすのはほかでもないあなたの愛猫なのです。大好きだからこそ、むやみに与えないという選択をおすすめします。

ネコは肉食動物ではありますが、肉系でも鰹節のような魚類由来の食べ物は注意が必要です。とくに気を付けてほしい、与えると危険な魚介類を紹介します。

☆青魚（サバ、アジ、イワシなど）

ビタミンEが不足しているときにたくさん食べると、魚肉に含まれる不飽和脂肪酸で体内の脂肪が酸化し、「黄色脂肪症《おうしょくしぼうしょう》」という病気になりかねません。この病気では、下腹部がぽっこりと太り、しばしば皮膚の下にしこりなどができることもあります。ときには痛みを伴うので、腹部に触れるとびっくりしたように怒ったしぐさを見せたり、とびあがって嫌がることがあれば、すぐ病院へ連れて行きましょう。

魚につきものの骨も用心しましょう。同様に、鳥類の骨も咬みくだくと鋭くとがった破片になり、まれに喉や消化器官を傷つける恐れがあります。

☆貝類（アワビ、トリガイ、サザエ、トコブシなど）

海藻類を食べている貝類も要注意です。東北地方には古くから「ネコに春のアワビの内臓を食わせると耳が落ちる」という言い伝えがありますが、これは光過敏症と呼ばれ、繁殖期のアワビに含まれるピロフェオフォルバイドという成分が原因と考えられます。アワビが食べた海藻の未消化物で、光が当たると、光化学反応によって皮膚をつくっている細胞膜や赤血球の膜に障害が起き、激しい皮膚炎が起きます。

たとえば、宮城県の田代島、通称ネコ島にはたくさんのネコがいますが、多くのネコの耳の縁が炎症を起こしています。体毛で覆われた部分は光をさえぎってくれるので大丈夫ですが、耳の部分は体毛が薄く、もろに光を浴びるので被害も大きくなるというわけです。

☆イカ

「猫にスルメを食べさせると腰が抜ける」という言い伝えもあります。イカに含まれる酵素がビタミン$B_1$を分解し、多量に食べるとビタミン$B_1$（チアミン）欠乏症を発症する恐れがあります。

ネコは具合が悪くなると、ひとりでゆっくりと落ち着ける場所に行ってじっと静かにし、回復するのを待つ習性があります。消化不良による体調不良を感知し、静かに体を休めている様子を「腰が抜ける」と表現したのかもしれません。

こうしてみると、ネコに与えていけないものは、量的にも日数的にも与えすぎがもっとも良くないポイントのようです。しかし、一度人間の食べ物を与えてしまうと、「またもらえる」と勘違いして無駄に欲しがらせてしまい、健康を害するきっかけになります。心を鬼にして、猫専用のフードを与えるだけに留めるか、食べても問題のない食品（鶏のささみや、白身魚など）を注意して与えるようにしましょう。

## ネコに食べさせてはいけないもの《植物質編》

ネコは肉食動物であると述べましたが、それでもときどき草を食べます。ペットショップで「猫草」として販売しているのは、ほとんどはムギ（燕麦《えんばく》）であり、イネ科の草ならばたいてい食べてしまいます。

食べる理由としては、葉の中に含まれる「葉酸《ようさん》」と呼ばれるビタミンの一種を補っているなどの説もありますが、毛玉や大きな骨などの不消化物を吐きだすのに役立っているのだとも考えられます。獣医さんによってはあまり食べさせない方が良いとも言われますし、消化器官が成熟していない子ネコにあげると下痢をしてしまうこともありますが、成ネコであれば大きな問題はありません。月2〜3回あげるのが適量でしょう。

猫草を食べないことを心配される方もいますが、あまり吐く回数が多くなければ、おおよそ問題はありません。気になるようであれば、便での排出を促すフードを与えるか、こまめにブラッシングをしてたくさん毛玉を飲み込むのを防いであげてください。

ちなみに、ネコは植物に対しての味覚がまったく発達していません。いわゆる猫草をはじめ観葉植物など草なら細かな違いを見いだせず、食べてしまうことがあります。食べる理由としては、「こんなようなものを食べたあと胸がス～ッとしたっけな」「なんだか食感が楽しいな」というところでしょうか。

姿が似ている毒性の観葉植物を気づかず食べてしまうことだって大いに考えられます。一説には、ネコにとって危険な植物は７００種以上もあるといいます。ネコは食べるだけではなく遊び相手にもしてしまうので、ネコを飼育するならば基本的に観葉植物は置かない方が無難です。

一般家庭に置かれやすい植物では、

☆ユリ、ヒヤシンス、シクラメン、アサガオ、ジンチョウゲ、チューリップなど

とくに、ユリ、ヒヤシンス、シクラメンなどは致命症になることもあります。毒性のある部分は、植物によって茎、葉、種などいろいろですが、どうしても置かなくてはいけない場合は、手の届かないところに置くか、ネコが嫌う匂いを吹きかけるという方法もあります。忌避《きひ》剤や柑橘《かんきつ》系の匂いなどで、ペットショップで購入可能です。しかし絶対安心と

いうわけではないので、よく注意してあげてください。

もう一点、気をつけたいのが野菜です。危険性のある代表的な野菜を紹介します。

☆ネギ類（タマネギ、青ネギ、ラッキョウ、ニンニク、ニラ、エシャロット）

ネギに含まれる成分が赤血球を壊し、俗に「タマネギ中毒」と呼ばれる貧血症状が起きます。加熱してもネギ成分は消失しないので、ネギ類が入っている調理品はすべてＮＧ。成分が溶け出すので、取り除いても与えてはいけません。

☆ホウレンソウ

人間の舌には「あく」として感じる蓚酸《しゅうさん》という物質が含まれており、結石ができる原因になると言われています。加熱し、あくをとることで多少軽減させることができますが、与えるのはおすすめしません。

☆アボカド

果肉、種、皮に含まれるペルジンという物質が、嘔吐《おうと》やけいれんなどの中毒症状を引き起こします。

## ネコに食べさせてはいけないもの《お菓子編》

お菓子はとくに要注意です。かわいい愛猫とくつろぎタイムなどといって座り込むと、ついつい あげたくなるのが人情ですが、人間用に味付けされたお菓子は塩分・糖分がネコにとって非常に多く含まれています。

☆カカオ類（チョコレート、ココア）

カカオの成分テオブロミンは、植物系の毒物のアルカロイドの一種であり、人間は苦み成分として感じます。しかし、ネコにとっては、大脳興奮作用や呼吸興奮作用があり、過剰に神経を刺激します。苦みの強い板チョコ1枚分で死に至る可能性もあるので、必ず手の届かないところで保存しましょう。

☆ピーナッツ

脂分・マグネシウムが多く含まれています。加工してあるものは塩をまぶしてあるので、塩分過多にもなります。マグネシウムの摂りすぎは、結石の原因になり得ますが、実はこれはミネラルウォーターも同様です。ミネラルをわざわざ加えたりしているものは選ばず、ふつうの水道水を与えていれば問題ありません。

☆ガム

ガムに含まれるキシリトールという甘味料が体内に入ると、膵臓《すいぞう》からインスリンが多量に分泌し、血糖値が急低下し、嘔吐、歩行困難、内出血、肝不全を発症することがあります。ふつうの板ガム1枚で致命傷になり得るので、食べてしまわないよう注意しましょう。

そのほか、海苔《のり》もネコにとってはマグネシウムが多すぎで、長年食べ続けると結石になる可能性があると言われています。進んでネコに与えるということはまれかと思いますが、粒ガムのキラキラとした包装紙や小さなフォルムは誤飲の恐れもありますので、要注意です。

家族でネコを飼っている場合は、与えてはいけないもの、食べられないように注意すべきものは何なのか、全員がきちんと理解することが重要です。食事の際には一時的にケージ入れるなどのルールを決めて、愛猫の健康を守りましょう。

## 長生きの秘訣は食事にあり

元来、山野でネズミや鳥を捕食していたネコは、根っからの肉食動物です。人間と共存するようになったのも、農業が始まり穀物を食べるネズミを駆除する目的からであり、犬よりもずっと肉食性の高い動物です。

そのため、食事では、タウリン、ビタミンA、ビタミン$B_1$・$B_2$、ナイアシンなどの肉からでないと摂取できない栄養素を必要としています。「総合栄養食」と表示されたキャットフードには、これらがバランスよく含まれているので、新鮮な水とともに与えていれば、栄養素が不足するという事態は避けられます。

しかし、ネコが好き嫌いをしたり、いつも食べていたフードを突然嫌がるというケースも時折見られます。飼い主にとっては、気まぐれなネコの困ったわがままに見えますが、実はこの行為はネコの防衛本能によるもの。

動物性タンパク質をエネルギー源とするネコは、食べ物が「どんなタンパク質でできて

いるか」を匂いで判断できるほど優れた嗅覚をもっています。目の前のごはんが危険な食べ物ではないか、自分に必要な食べ物かどうかを慎重に選んでいるのです。

ですので、新しいフードを選ぶときは、できるだけ以前食べていたものと匂いや味が似ているものを選ぶか、嗜好《しこう》性の高いウェットフードと一緒に与えるのがおすすめです。

また、いつものフードを食べてくれないときは、ドライフードが湿気を吸収して風味が落ちたり、食器から洗剤の匂いがしたりして食欲不振になっている可能性があります。食生活の環境を常に清潔に保ち、ウェットフードは温めて香りが立つようにして与えるなどのひと工夫で、愛猫の健康を守りましょう。

## 尿スプレー、絶対にしてはいけない対策法は？

単独生活者なのに社会性も大切にする、おかしな二面性をもつネコですが、そもそも、単独生活というのは、ナワバリをもってこそ維持できるものです。自分で勝手に「ここはオレのナワバリ〜」と決められれば良いのですが、ご近所のほかのネコにも知らせなければ意味がありません。

そのためには、連日のようにナワバリをパトロールして、肉球からかすかな匂いをつけて歩き、目立つところには尿でスプレーして自分の印をつけて回るというアピールが必要なわけです。ネコが外でも内でもパトロールを日課にしているのは、ナワバリを守り、平和に過ごしたいという気持ちが人一倍強い動物だからでしょう。

この尿には脂分も入っており、ネコ特有の匂いがします。ネコの性フェロモンと関係があると考えられているアミノ酸の一種「フェリニン」と、「コーキシン」と呼ばれる特殊なタンパク質が含まれていて、これが匂いのもとだとされています。ちなみに、コーキシンは「好奇心」をもじって命名されました。

理化学研究所などの研究グループがネコの尿中の匂い物質を分析したところ、フェリニンが分解されてできる硫黄《いおう》を含む化合物がその匂いを放っていることがわかりました。とくに匂いが強いとされる成熟したオスの尿には、メスや去勢したオスの約4倍のコーキシンとフェリニンが含まれていたといいます。ネコ嫌いの人には強烈な悪臭と感じる物質ですが、この匂いによってナワバリに印がつけられているわけです。

ナワバリの主ネコは、2〜4日に1回、パトロールを行って匂いをつけていますが、揮発性の匂いは1日たつごとに薄まっていきます。ナワバリへ侵入したネコは、その薄まり具合によって、主ネコがどのくらいの頻度でパトロールしているのか、オスかメスかなどの情報を得ます。

これらを判断するキーとなるのは、匂い物質のフェリニンです。フェリニンの量は、オス猫が質の高い食物にありついていることを示すサインであり、メス猫に対して、自分の甲斐性《かいしょう》をアピールするための有力な手段になると推測されています。ナワバリを示すため、異性にアピールするため……さまざまな役割があるからこそ、臭いのです。

さて、ナワバリの侵入者が知りたい情報はどんなものでしょうか。まずは、異性か同姓かです。もし異性であれば、異性同士は基本的に争わないので、次に気になるのが発情しているかどうかなど繁殖系の情報でしょう。

同性ならば、相手が成熟した強いオスか、それとも若造かを確認します。対等の強さをもっているらしいとなると、侵入はあきらめます。怪我《けが》をしてもつまらないし、ナワバリの拡張よりも平和の維持を重視するというのがネコ社会の基本ルールだからでしょう。

マーキング行動は俗に「尿スプレー」と呼ばれます。ふだんの排尿とスプレーは姿勢が違うので、初めて見た人は驚くかもしれません。スプレーをするときは、排尿孔の向きを自在に操って後上方へ向け、尾を高く上げるのが目印です。腰からシッポをプルルルッとかすかに震わせて、スプレー完了となるわけですが、なぜ霧状にするかというと、こうすると木の葉などでは葉の裏側に匂い物質がつくからです。雨が降っても簡単には流されないよう、工夫がなされているかのようですね。

さて、室内飼いのネコも尿スプレーを行います。基本的にはナワバリ行動なのですが、自然界にはないネコの複数飼いの場合は、新入りのネコがやってきたりすると、古くからいるボスネコが、自分の力をアピールするためにスプレーすることが多いといわれます。また、生活環境に不満がある場合もスプレーすることがあります。

去勢をしていないオスネコにとっては仕方のない自然行動とはいえ、私たち人間もともに暮らしていますから、被害は小さくさせてもらいたい行為です。まず、対策として心がけたいのは、決して叱らないということです。不安や不満を感じたことで助長してしまうこともあるので、ストレスは厳禁です。

スプレーをされたら、中性洗剤を使った水洗いや、アルコールでのふき取り、消臭剤を撒《ま》いたりして匂いを薄めましょう。しかし、ほぼ完全に取り去ったと思っても、イヌよりも嗅覚が悪いとはいえ人の7万倍は鋭いわけですから、また同じ場所にスプレーすることもあります。

そんな場合には、かわいそうですがちょっとした「いやがらせ」でスプレーの回数を減らすしかありません。スプレーする場所の足元に粘着テープを裏返しに張ったり、寝室など匂いをつけたくない場所には入れないようにするのも効果的ですね。

生活状況の不安や不満がストレスになっている場合は、その原因を見つけて解決するしかありません。なにが不満なのか、どんなことが不安なのかを長い目で観察してみましょう。トイレや眠る場所の位置がネコにとって安全か、トイレがきれいかどうか、いま一度確認を。

多頭飼いの場合は、誰がボスなのかを知り合うまで時間をかけて慣れるのを待つのがいちばんです。いずれにしても野生時代にはもっとも重要な行動の一つだったのですから、人間の勝手な都合で「直す」というものではありません。それぞれの家庭に合った方策を立てて、気長に付き合いましょう。

## 動物学的に考える、ネコが飽きないオモチャとは？

何度も繰り返してしまいますが、動物学的にみるとネコは食肉類であり、単独で生きているハンターであり、そして独自の社会性も持ち合わせています。知能が高く、人間でいう2歳くらいの知能はもっているようで、賢い生き物です。

多くの知的な動物は独り遊びをするように、ネコも、特に子ネコから1～2歳くらいの若ネコはまるで本当に狩りをしているかのように真剣に独り遊びをします。ふわふわ舞い上がる鳥の羽1枚あれば、30分は遊んでいられるようです。その標的は、カサカサ音の出る袋、転がる鉛筆くらいの太さの木の棒でも何でもよく、動かないものは、最初は無視していても、何かの拍子に動くことがわかると前足でチョイチョイとジャブを出して動かしたり、パンチを出して飛ばしたりしてとびつきます。

飼いネコの場合、たいていは、家の中をパトロールしながら適当なオモチャを発見し遊びにいたるようです。遊びは狩りを想像してやるので、かなりの運動になるし、ストレスの発散にもなります。手頃なオモチャが転がっていなければ、壁にとまったハエをめがけてジャンプをしたりと、せわしなく遊んでいます。

ところが、「慣れ」というものがあります。夢中になって遊んでいたはずのオモチャの動きに見向きもしなくってしまうのは、「慣れ」によるもの。これは知能と深く関係しています。慣れることで無駄をなくしているのです。

たとえば、ハイイロオオカミとイヌの子ども時代について見てみましょう。子イヌは、落ち葉が舞っていると3回も4回も追い回して前足で押さえたり、口でくわえたりして遊びます。しかしハイイロオオカミの子どもは1回しか遊びません。1回やって食べ物ではないということを知ると、2度目はやらないのです。自然界で生き抜くには無駄なエネルギーを使わない方が賢明というわけです。

ネコの場合もおそらく同じでしょうが、慣れと知能の関係はまだ解明されていない部分も多くあります。子ネコが羽毛で30分も遊んでいられるのは、知能が低く飽きがこないからという理由だけではなく、何度も狩りの反復練習できるよう、夢中になれる仕組みがあるとも考えられます。徒党を組んでみんなで追いかけるチームプレー派のイヌとは違い、単独性のハンターであるネコには狩りに熟達する必要があります。

いずれにしても、ネコが飽きないオモチャはありません。飽きずに遊んでもらいたいなら、どんなものでどんな遊びをするか記録しておき、反応が悪くなる前に隠してしまうという手もあるでしょう。大人のネコであれば、お気に入りになれなかったオモチャは10回ほどで飽きてしまいがちです。そうなる前に隠してしまい、ネコが退屈しているとき、そういうおもちゃを出してきて遊ぶと、やや新鮮に感じるのか、見向きもしないという事態は避けられます。そうなる前に、好みのオモチャの傾向をつかんでおくのも手でしょう。

## ネコにウケる遊びは「狩り」に学べ！

大人のネコはこちらから遊びに誘っても、気分が乗らないとなかなか乗ってきません。もしあなたがネコに愛されたいと思っているのならば、休んだり眠っていたりしているネコは絶対に誘ってはいけません。ネコは、遊びたいときに遊んでもらえないことよりも、自分のペースをジャマされることを嫌う生き物ですから。

親交を深めたいのならば、ネコのほうから足にとびついてきたり、オモチャを持ってきてニャアと鳴いてくるような、遊びの誘いを待つことです。このときがいちばん遊びが盛り上がります。あまり興奮させすぎないようにして、適度に遊んであげることが大切でしょう。

休んでいたのが起き上がってパトロールに出るときも、しばらくなら遊びの気分があるようです。パトロール中の遊びなら「ダルマさんが転んだ」が良いかもしれません。たとえば、ネコが洗面所を調べに入ったら、物陰からネコが戻ってくるのを待ちます。ネコがスタスタと出てきたら、サッと物陰に隠れます。最初、ネコは不審に思って立ち止まって考えますが、しばらくするとスタスタとこちらに向かって歩きはじめます。

そうしたら、こちらが顔を出し、種明かしをしてやります。すると、ネコは何が起こるのか、確かめるために立ち止まります。そしてまたこちらが顔を引っ込めると、ネコは気になってゆっくりとこちらへ歩きはじめる……これを繰り返すという遊びで、人間の子どもたちがやる「ダルマさんが転んだ」によく似ています。

これはネコが狩りに出たときの行動を模しています。ネコは、野山をパトロールしているときに野ネズミや小鳥の気配を察知すると立ち止まり、まずはどこにいるのかを確認します。そして、捕まえられる可能性のある距離だと判断すると、体を低くして忍び寄りの体勢に入ります。目は獲物にくぎ付けで、獲物が何かを食べるために下を向いたりすると、その隙にツツツッと数歩前進し、獲物が警戒して頭を上げると、ピタッと止まり、ピクリとも動きません。いわゆる「フリーズ（凍る）」という体勢ですが、こうして近づいて、残り1～1・5mほどにまで達すると、体をさらに低くして再びフリーズに入ります。

あとひと跳びで獲物に到達するというタイミングを図っているのですが、このときネコの尾先を見ると、ピクン、ピクンと左右に動いています。タイミングを図ると同時に、ネコの頭の中はとび出したい衝動と待て待てという衝動がぶつかり、葛藤《かっとう》状態になっているのです。

「だるまさんが転んだ」では、飼い主が獲物役をしてネコに忍び寄らせているというわけですが、市販の動くネズミのおもちゃを使うときでも、狩りのイメージを持って遊んであげるとなかなか飽きられることもありません。ペットショップで買ってくるだけでなく、さまざまなものを利用して工夫すると、ネコにとって良い遊び友達になれるにちがいないでしょう。

## ネコが心地よく感じる距離って？

人間もそうですが、他人とはある程度距離を置きたいと考えます。知らない人ほど距離があった方がいいし、外見的な好みも作用します。怖〜い人ふうだと、見えないほうが安心で、よく知っている人なら30㎝でも何のストレスもありません。恋人同士なら1㎝離れただけで「離れすぎ！」なんてこともあるでしょう。そう、2つの物体は異質なものほど遠距離が良いというわけです。

動物同士にもこのほど良い距離というものがあります。それ以上近づくと逃げだしたり攻撃してきたりする距離で、これは「逃走距離」あるいは「限界距離」と呼ばれます。逃走距離の条件は種によって異なりますが、複雑です。

たとえば、散歩がてらバードウォッチングしていて小鳥に出会ったとしましょう。たいていは2～3mが逃走距離ですが、これに気をよくしてカメラでもぶら下げていくとその距離はたちまち延びて5～10mとなってしまいます。カメラのレンズが一種の目玉のように見えているのか、なぜか嫌われがちです。

小鳥以外でも、街中ではノラネコに出会うこともあるでしょう。彼らの逃走距離は3～5mくらいがふつうですが、これには個体差があります。それまでにそのネコが受けた経験によってまちまちというわけで、一般的には、この逃走距離よりも少しだけ（数値で言うなら数十㎝）余分に離れているのが安心する距離のようです。何度も出会ったり、食べ物を与えることでこの距離を縮めることはできます。根気よく続ければ50㎝くらいまでは近づけるでしょう。

室内飼いのネコの場合はまったく異なります。危害というものを加えられたことがなく、のびのびと暮らしているからです。それでも初めて出会うときの逃走距離は1m以上なのがふつうで、本能的に異質なものは近寄らないようです。これが、密着してもまったく逃げなくなる、それどころかネコの方から寄ってくるようになるのだから不思議なものです。

人間にも逃走距離があるのですが、社会生活のためにはこの距離を捨てなければなりません。ぎゅうぎゅうの満員電車などは距離的には限界を超えています。だから猛烈なストレスがあるのでしょう。ネコも同じで、彼らの方から近づいてこない限りは、ある程度の距離を置くことはマナーであるといえます。飼い主としてはややさみしく不満かもしれませんが、これがネコにとって心地よい距離なのです。

## 騒音ストレスを和らげる鍵は「夢中」

心地よい距離を超えて近づきすぎるとどうなるか……くつろいでいるネコに近寄りすぎた場合、たいていのネコはさりげなく場所を変えたりしてくれますが、性格によってはネコ・パンチをお見舞いされることもあるでしょう。慣れと個性によってその程度は異なりますが、ネコにとって人間との距離がストレスになることは確かです。

距離のほかには「音」もストレスになります。雷のような大声、キャーキャーいう子どもの声、バタバタと床を振動させる足音、掃除機の甲高い機械音などはネコの神経を逆撫でします。

それと、何かに熱中しているとき、それを妨げられることにひどくストレスを感じるようです。ネコに対して何かアクションをしたとき、ネコがあくび、背伸ばし、爪とぎなどを突然行ったらそれは嫌な気分をまぎらわせるための転位行動というわけなので、それらが見受けられたら、次からはやらないことが大切です。

人間では、何かに熱中しているときには他の人の言うことが聞こえていないということはよく経験するところです。それはネコでも同じようで、鋭い聴覚を備えたネコは、混乱を避けるために、神経系に入ってくる無数の視覚的、聴覚的、嗅覚的といった刺激の中から、そのときの欲求にもっとも役立つ刺激を選び出していることがわかっています。行動学の教科書的な書籍にはふつうに記載されている（『動物の行動』１９６９年タイムライフ）ことですが、ここで紹介いたしましょう。

その実験は、ネコの神経中枢において、外部の刺激によって生じた極めて微弱な電流を記録するといった方法で行われました。いわゆる、「脳波」を調べるという実験です。

このネコのそばにメトロノームを置きます。メトロノームは規則正しく「カッチ、カッチ…」とリズムを打ちますが、その音がするたびに、神経中枢は興奮して、神経衝撃を伴った活動電位が地震計の波のように記録紙に表れます。これを見れば、ネコがメトロノームの音を聞いていることがわかるというわけです。

そこで、ネコにネズミを見せます。すると、当然ながら、ネコの興味はネズミに集中します。脳波はというと、なんと、ネズミの出現と同時に記録紙に表れていた波が消えてしまいました。メトロノームはそれまでと同じように鳴り続けているのに、活動電位が消えてしまったのです。つまり、ネコの耳にはメトロノームの音が聞こえておらず、音をシャットアウトしてネズミに神経を集中させていたということです。

この、「熱中しすぎて周りの音が耳に入らない」という現象は、神経生理学では「関門作用《せきもん》」と呼ばれています。ちょうど、門が開かれたり閉じられたりするように、情報の流れが通過を許可されたり、阻止されたりしているからです。

何が許可され、何が阻止されるかは、そのときそのネコが何をしているか、または何をしようとしているかによって異なります。何かに熱中しているその状況において、感覚情報がどこでどのようにして阻止されるのかは、ほとんどわかっていません。

メトロノームを聞かされ、その次にネズミを与えられたネコは、彼らの目や耳や鼻などの感覚器官でとらえた広範囲の刺激の中から特定の刺激を選んで、それに対してだけ反応しています。これらの刺激を信号刺激と呼びますが、その中から状況に応じていくつかを選び、重点的に検討できるこの能力は、意外にも人間とネコの暮らしにも役立つ可能性があります。

たとえば、掃除機などをかけたとき、何か熱中できるオモチャを与えて気をまぎらわせてやると、耳から受ける信号刺激に対しての感度を低くさせることができるかもしれません。ただただずっと掃除機の音を聞いているのはかなりのストレスになるでしょうから。ほかにも、雷が鳴ったらオヤツをやったりブラッシングをしたり、さまざまな方法で気をまぎらわせてやれば、ストレスを軽減させることができるでしょう。物言わぬ彼らにとって何がストレスになるか、きちんと配慮してあげることが何より大切です。

## ネコは人間の言葉を理解する？　空気を読む動物たち

長くネコと生活していると、ふと我が家のネコは私たちの言葉を理解しているように思う、そんなときがあります。人間同士が「おやつでも食べようか」なんて話をしたりすると、しっかりと冷蔵庫の前に行っていたり。じっとこちらを見つめる目は、人の心を見透かしているようで、ときどき怖くなるほどです。

19世紀末から20世紀初頭にかけて、ドイツの街中に「足し算や引き算、掛け算や割り算はもとより分数の問題にも答えを出し、日付も時間もわかり、和音に関する音楽の問題にも答えられ、はてはドイツ語の読み書き理解もできる」と言われた1頭のウマが登場しました。その名は〝ハンス〟、あまりの賢さに〝クレバー（賢い）・ハンス〟と呼ばれたそうです。

たとえば｛（1＋6＋8）－5｝÷2＝？などという問題を聞くと、前足の蹄《ひづめ》で床を「コッ、コッ…」とゆっくり5回たたいたそうです。ハンスを取り囲み、固唾《かたず》を飲んで見守っていた聴衆は「賢い！　実に賢い！」と驚きの声をあげました。この話はドイツ全土に広がり、当時のニューヨークタイムズ紙にも掲載されたといいます。

あまりの騒動に、1904年には、哲学者にして心理学者のカール・シュトゥンプ教授を委員長とする調査委員会が立ち上げられました。委員は獣医師やサーカス団長、重騎兵隊隊長、教員ら、ベルリン動物公園園長など13名です。ハンスは委員たちによって詳細に調べられ、その結果、イカサマや勘違いの可能性はまったくない、と結論されました。

ハンスは黒毛の雄ウマで当時8歳くらい、ロシア産のオルロフ・トロッター種でした。問題に正解すると好物であるパン、ニンジン、角砂糖のうちの一かけらをご褒美として与えられ、誤解答でもムチなどで叩かれることはなかったようです。飼い主であるヴィルヘルム・フォン・オーステン卿《きょう》は数学の教師であり、ウマの調教師でもありました。

誰もがハンスの賢さの解明を諦めましたが、ドイツの若き心理学研究者オスカー・フングストはこの問題に取り組みつづけました。そして来る1907年、再検証の名乗りを挙げたのです。厳密なテストを何回も行った結果、フングストは「質問者が卿である必要はないが、ウマが正しく答えられるためには、質問者が答えを知っており、ウマから見える位置にいることが必要」という真実を見つけました。質問者が答えを知っているとき、ウマは89％の確率で正解し、そうでないときは6％しか当たらなかったのです。

さらに、フングストは、ウマが蹄で叩く回数が正解に近づくにつれ、質問者の体勢と表情がかすかに緊張し、最後のひと叩きの瞬間にその緊張が解放されているという点を発見しました。ウマはこの合図を判断の手がかりに使っていたのです。

フングストによれば、「その場にいる人間は、ハンスが答えるのに蹄を打つから、足下に注目して頭をかすかに下を向く。これが正解の打数に達すると、若干緊張が緩んで頭が上へ動く。厳密に測定すると上への動きはわずか0・5〜2㎜、ハンスが正解を出す0・3

秒ほど前に起きていた」といいます。

フングストはどうやってこの真実にたどり着くことができたのでしょうか。彼はまず、外部からの情報をハンスが何らかの感覚器でキャッチしていると考えました。そこで、ハンスの目、鼻、耳などの感覚器を遮断しながら質問していく方法で、ハンスがどの感覚器から情報を得ているのかを検証しました。結果は視覚を遮断したときで、両目に革製の大きな目隠しをすると、35問中正解したのはわずかに2問のみでした。周囲の人々がわずかに動くこの現象は「不覚筋動《ふかくきんどう》」といい、本人には自覚がない無意識の筋肉の動きです。こうした変化を敏感に察知する能力は、当時は「クレバー・ハンス効果」と呼ばれ、現在では「観察者期待効果」として知られています。

現在でもクレバー・ハンス効果によるものと思われる事象はたびたび起こっています。それは、動物を使った実験で研究者がなんとしても仮説を立証しようとすると、その無意識の振舞いが動物に伝わってしまう……というもの。しばしば例に挙げられるのは、警察犬の臭気鑑定です。

イヌが犯人特定のための臭気鑑定を行う際、臭気に気づいたかどうかではなく、飼い主

である捜査員の顔色をうかがって判定してしまうことがあり得るという説があります。これがクレバー・ハンス効果であり、このような場合、警察による事件への予断を、警察犬が上塗りする判定結果が導かれ、冤罪《えんざい》が生まれる恐れがあります。実際にクレバー・ハンス効果の可能性を否定できないとして臭気鑑定の信用性が否定された結果、無罪判決が下された事例もあります。（大阪高裁判決2001年9月28日）

ハンスや警察犬は人間に答えを伝えるよう訓練されていたウマやイヌですが、訓練されていない動物も周囲の状況をあたりまえのように微細に観察しています。そうでなければ、危険が多い自然の中では生き残れません。それは、ウマやイヌだけでなくネコも同様です。

話を元に戻すと、「ネコは人語を理解する」と思われるのは、まさにクレバー・ハンス効果です。ネコはウマと同様、身の回りのあらゆる変化を見ています。たとえば家具の配置が少し変わっただけでも気づき、とくに鳴いたりしてその変化を訴えるわけではなくとも、気に入らない場合にはウンチをしたりして不満を表します。

飼い主に元気がないときは、近くに来てじっと観察します。いつもと違うことを敏感に感じとっているのです。涙を流すとそれを舐めるネコもいますが、水滴に興味が湧いただけで、涙を拭いてくれているのではありません。ネコは我々をわざわざ慰めには来てくれない……のですが、ネコがそばにいくことで飼い主に元気が戻り、いつも通りになるのであれば、それは変化を嫌うネコの狙ったところなのかもしれません。ともかくネコはほんのわずかな変化も見逃しません。

ネコを愛しすぎる人は、どんどんネコと人間の同一視の深みにはまり込んでいくきらいがあります。「このネコちゃんが人間だったらいいのにね～」「今日は元気ないけど、どうしたの？」なんてやっているうちに、ネコが返事をする……いや、したような気がしてきます。そして「ちゃんと言葉がわかるんだよね～」というふうに発展するのでしょう。そこまでくると、もはや相互コミュニケーションが確立しています。「ニャオ～」が「なんかちょうだい～」に聞こえるのです。ただ、こう聞こえて悪いわけではありません。

ネコは人間の言葉をほとんど理解できません。しかし、短い単語、声の強さ・弱さ、そのときの飼い主の様子などから意味を察知することができるネコはいます。条件反射の一種であり、動物芸に近いですが、私たちはネコに対してはそれで良いのだと思います。ネコと人を同一視したり、会話ができるようになることを期待したりしてはなりません。家族や地域の一員である彼らがネコであることは、彼らにとっての個性です。それは、尊重すべきであり、人間のルールを押し付けるものではありません。いつか話が通じる、理解し合えるという気持ちでネコを大切にすることが重要なのでしょう。

## ネコに似る？　飼い主に似る？　ともに暮らす二人の性格事情

イヌは容姿も性格も飼い主に似るといわれることがよくありますが、ネコではそういう話はあまり聞きません。むしろ、ネコ好きな飼い主は、自分の性格がネコに似ているところがあると思っているふしがあります。ネコの方では別に飼い主に媚《こ》びずに勝手気ままに生きているので、飼い主に似ることはほとんどありません。ネコは単独性のハンターとは何度も述べましたが、性質の面でもその生い立ちに原因があります。正反対なイヌと比べてみましょう。

ふだん、ネコはひっそりと音もたてずに生活しています。これは、バサバサドサドサと音を立てては獲物がみんな逃げてしまうので、ふだんから静かに暮らしているのです。対して、イヌは集団で大きな獲物を追跡して捕らえるので、藪《やぶ》があろうがなかろうが一直線に走っていきます。音が出るなんて気にしていたら獲物に逃げられてしまうので、元気よく……ときには騒々しく力いっぱい走ります。

また、ネコはふだんから身だしなみを整えています。丹念に毛づくろいして、全身の神経を研ぎ澄ましているのです。そうでないと小枝や草が茂っている中を獲物に忍び寄ってからダッシュして倒すなどという芸当はできません。目は獲物を見つめたまま、小枝が体に触れそうならば体を曲げて避け、じりじりと接近していきます。一方のイヌは、藪を抜け、水たまりを突破して獲物に接近するので、毛づくろいなんてしていられません。どうせまた乱れてしまうのだから、ぬれたとしてもブルルッと体を震わせて水気を飛ばせばそれで終わりです。

こうしたネコの性質を鑑《かんが》みると、ネコらしい人には、ある意味、神経質なところがあるようです。繊細で敏感な性質であり、雰囲気を察知するのに長《た》けています。しかしそれを自分の心にだけ秘めており、ワアワア大騒ぎはしないし、ほかの人に伝える必要性も感じていないようです。何をやるにしても静かに一人で、依存心は弱く、独立心が強い傾向があります。その一方で、イヌたちがするような社交的な活動を苦手としています。

また、何か失敗をしでかしたときには、一人で酒を飲んで気をまぎらわすか、何かスポーツなどに打ち込んで気晴らしをします。これはネコがよくやる転位行動であり、こうした性格、行動はネコそのもののように思えます。そういった性質の人々が、自分のペースやテリトリーを大事にして、やたらと影響しあうことを避けるように、ネコと暮らしているというだけで性格が似ることなどないのでしょう。それぞれがそれぞれの人となりを尊重するのが、ネコなのですから。

## 毛色と性格は関係する？　その思い込みの恐ろしさ

さて、ノラネコたちを見つめていたり、家で複数のネコたちと暮らしていると、それぞれの性格がハッキリ異なっているのがわかります。子ネコ時代の社会化期を母や兄姉とともに過ごしても、性格は生まれつきであり、個性です。その個性について、ネコ好きの間では、白いネコはおとなしい、アメリカン・ショートヘアのようなタビー（縞柄《しま》）は活発、ペルシャのような長毛はおっとりなどと、なんとなく言われているようです。人間も、目じりが下がっていると穏やかそうだとか外見で判断する傾向があるのに似ていますね。

かつて、遺伝子的に縞模様のない真っ黒なネコや灰色のネコは、縞模様のあるキジトラや茶トラに比べて都会によく馴染《なじ》むといわれていました。「遺伝子的に」という意味は、模様としてはたまたま現れていなくとも、その祖先に縞模様のネコがいてその遺伝子をもっているということです。つまりは、外からの見た目では、性格などは正しく判定できないのです。

また、全体的あるいは部分的に明るい茶色の毛を持つオスは、ほかのオスと出会うと攻撃的になりやすいとも言われていました。ならば茶色い毛色は攻撃的なのかというとそうとも言いきれません。国立遺伝学研究所の駒井卓先生の研究によると、オスのうち茶色は28・4％もいることがわかっており、メスは7・9％と少ないから、茶色のオスは頻繁に同性と出くわす、というのも関係するかもしれません。

こうした研究により、ネコの毛の模様や色は、その性格とはあまり関係がないようだとわかってきました。また、ある実験はこの思い込みがもっと深くネコたちの人生に関わる問題と直結しているという警鐘を鳴らしています。

2012年、アメリカはカリフォルニア大学バークレイ校の研究者たちは「どんな色のネコが飼い猫として好まれるか」を調査しました。ネコをペットとして飼ったことがある189名の人に対してアンケート調査を行ったのです。

その結果、オレンジ色すなわち淡茶色のネコが最も好まれ、白い色や茶と黒の二色が混ざったサビと呼ばれるネコはあまり好まれないことがわかりました。ネコの色と性格の間にはほとんど関連性がないにもかかわらず、飼い主たちは、オレンジ色のネコは人なつっこく、白いネコはお高くとまっており、まだら猫は扱い難いと決めつけていたのです。

この結果を踏まえて、研究者らは、毛色と性格に関連があると考えることが、ネコが幸せになるかどうかを決定していると考えました。現在、アメリカでの飼い猫の数は1億匹と見られており、毎年少なくとも100万匹のネコが施設に保護されています。保護されたネコの多くは、飼い主の期待に応えられず飼い主と対立したために捨てられたと見られています。

研究者たちはこの調査レポートを「暗い色のネコは引き取り手が現れず、また、サビネコは凶暴な性格だと思われており、どちらも安楽死させられる傾向が強い」と結んでいます（『Anthrozoos』オンライン版）。

人間の思いこみによって積み上げられた毛色と性格のイメージが、ネコたちの幸と不幸を分かつというのは、なんとも自分勝手な話です。ネコと暮らすというのは、私たちの暮らし方にネコをあてはめさせてもらうということです。先入観を基に決めつけることなく、一匹一匹の個性を温かく見つめてほしいと切に願います。

# 第五章 もっと知りたいネコのこと

## イヌとネコではこんなに違う！　最大種と最小種

シャム、ペルシャ、アビシニアンなど……ネコの主な品種はおよそ60あります。毛や尾の長さ、色合いなどの違いでさらに細かく分けると120品種あり、いちばん小さな品種は、最近まではシンガポール原産のシンガプーラ（体重はオスで約2・7kg、メスで1・8kg）でしたが、ロシア生まれの「スキフ・トイ・ボブテイル」が登場しました。「スキフ・トイ・ボブテイル」の体重は、成ネコでオスが2〜2・3kg、メスが1・7〜2kgと記録されています。500mlのペットボトル4本分ほどの重さです。

個体としてもっとも小さいものは、「ティンカー・トイ」と名付けられた、1990年にアメリカ・イリノイ州で生まれたヒマラヤンとペルシャのミックスのオスで、2歳半の成ネコのときでも肩までの高さが7cm、体長は19cmしかなかったといいます。

この数値、片方は体重しかデータがなく、もう片方は体長しかありません。そこで、生物の体重と体長の間にある「体重＝22・03×体長の2・93乗」という関係から、ティン

ネコ
スキフ・トイ・ボブテイル
メイン・クーン
1 : 5
イヌ
グレート・デーン
チワワ
1 : 123
でかっ!!

カー・トイの体重を換算してみると、およそ体重1・2kgとなります。同様にペットボトルで換算するならば、1〜2本分の重さというところです。

ネコの大型の品種はメイン・クーンがよく知られています。これはアメリカ原産の長毛種で、だいたいが体重5〜7kgほどあり、大きなものでは13・5kg、体長123cmもあります。

これらを比較すると、ネコの品種では小さなものは体重が2kg前後、大きなものでは10kg前後と考えられ、最小と最大の体重の比率は1：5となります。

ではイヌは、というと最小の品種はチワワのメスで肩高9・65cm、体重0・45kgとされますが、これはオスよりも小型なメスなので、ここでは最小のオスの記録である体長15・2cm、体重0・9kgで比較することにしましょう。大型の方はグレート・デーンで肩高109cm、体重111kg、という記録があります。最小と最大の体重の比率はざっと1：123となります。この比率を鑑みると、ネコは種に応じても体格の変動が少なく、イヌは多岐にわたっていることがよくわかります。

## チワワからハスキーまで、大きさいろいろイヌの世界

ネコは最小と最大に5倍の違いがあり、イヌでは１００倍以上の差があるわけですが、イヌにはなぜこんなに差があるのでしょうか。さまざまな説がありますが、この理由は、人間に飼われるようになってから現在までの過程にあると考えられます。

イヌは2万年以上前に、狩猟の相棒として人間に飼われるようになりました。人間はよりよい環境を求めて世界中に移住していき、さまざまなところへイヌを連れて行ったといいます。イヌは、繰り返される旅と定住によって、各所でイヌ科の動物と混血していきました。

たとえば、体格の大きな種が生まれる過程では、北極圏地方に住み着いた人々の連れていたイヌとハイイロオオカミが混血したとされます。ハイイロオオカミはイヌ科動物中最大の種で、大きいものでは体長１６０㎝、体重80㎏に達します。この混血の影響を強く残しているのが、大型のソリ犬アラスカン・マラミュート、サモエド、ハスキーなどです。

一方、アジア・アフリカ南部へ移住していった人々のイヌにはジャッカルが混ざったと考えられます。ジャッカルは中型のイヌ科動物で、体長60㎝、体重7㎏ほど。ハイイロオカミとは重さも大きさもかなり異なります。地域によって、多種多様なイヌ科動物が生息していました。

さて、この小型・中型種との交配のきっかけを作ったのは、やはり人間でした。人間は、小さなイヌ科動物を人為的に選び交配させると、より小さなイヌ科の動物ができることを歴史のうちに学びました。以来、ライオンやオオカミを狩る、アナグマを狩る、ヒツジを守る、人間を守る……などさまざまな用途に合った大きさの品種をつくり出していきました。つまり、イヌは人間とともにさまざまな土地へ移住していった歴史に応じて、大小さまざまな大きさになり得る多様な遺伝子をもつようになったのです。

## 野生種ではイヌとネコの体の差は逆転する

イヌとネコはそれぞれイヌ科とネコ科に属します。イヌ科最大の野生種は、先ほども登場した、北半球に広く分布するハイイロオオカミで、最小は北アフリカからアラビア半島の砂漠に棲息するフェネックギツネです。

ハイイロオオカミの体の大きさは前述した通り体長160㎝、体重80kgに達しますが、平均的には120㎝、20～55kgほど。フェネックギツネは体長40㎝、体重1・0～1・5kgとなります。体重でいうならばハイイロオオカミはフェネックギツネのおよそ36倍にあたります。

ではネコ科はどうかといえば、最大はアジアの極東地域に棲息するアムールトラであり、体長300㎝、体重300kgの記録があります。最小は南アフリカの乾燥地帯に見られるクロアシネコで、32～50㎝、体重1・5～2・8kgです。ということは、アムールトラはクロアシネコの100倍以上大きいと言えます。その比が36倍だったイヌ科と比べると、ずいぶん異なります。最大種と最小種の関係が、飼育される種の差異とは全く逆転するところが面白い点です。

そもそも、大もとをたどってみれば、イヌとネコは祖先を同じくしていました。ミアキス類と呼ばれる、今から5000万年以上前にいたイタチに似た小型の哺乳類です。同じスタート地点からどうしてこんなに姿が変わっていったのかという謎には、それぞれの住まいが大きく関係していました。

まず、ネコ科動物は基本的に森林棲であり、単独性で、森林の中で進化していきました。樹木がうっそうと茂る森の中では、一頭だけでひっそりと行動し、出くわしたものを一瞬で仕留める狩りが適しています。そして体の大きさは、森の中に棲む獲物の大きさによって進化を遂げました。小さなものは小さなヤマネコが、シカや野牛のような大きな獲物は大型のヤマネコであるヒョウ・トラなどが専門的に狩ったのです。

一方のイヌ科動物は、森林から平原に出て進化しました。隠れるところのない平原では速く走って獲物に追いつき倒せるかどうかが生死を分かちます。獲物が逃げるのならば、藪の中であろうと水の中であろうと突進し、吠えながら仲間と連携して自陣を組み走ります。こうした狩りのスタイルでは、一頭でいるよりは群れの方が効率良く獲物をつかまえることができました。

野ウサギや野ネズミのような小さな獲物は、キツネのようなオス・メスのペア型の群れで十分ですし、大きな獲物は10頭ほどが群れをなせば倒せます。チーム・プレーをとるイヌ科動物は、体の大きさを変えずとも群れを大きくすることで狩りを行うことができました。こうしてネコ科動物とイヌ科動物の体の大きさが決まってきたのです。

ちなみにライオンはネコ科動物としては珍しく群れをなします。これは、森林で進化してきたもののやむなく平原に出ざるを得ず、そこではイヌ科動物のように群れをなさなかったものは消滅していった結果でしょう。平原が群れをなすという習性をもたせたのです。

また、チーターは平原でも単独性を保っていますが、彼らは動物の社会では異例の俊足の持ち主です。こうした特技のおかげで、平原でも生き残っているのです。ですが、実はせっかく得た獲物もライオンやブチハイエナなどに横取りされてしまいがちです。かろうじて生き残っている、とてもラッキーな種とも言えるでしょう。

## 種が違っても体の大きさが一定なネコのフシギ

まずは、私たち人間とネコの関係の歴史から説明しましょう。そもそも、私たち人間の生活のそばにいるネコは生物学上「イエネコ」と呼ばれています。本文中では「ネコ」と表記していますが、野良に住んでいても飼われていても同じくイエネコです。

イエネコは森林に棲んでいたヤマネコが人間の生活圏にやってきたものとされています。その起源は今からおよそ1万年以上前と思われます。

その当時、西アジアかあるいは北アフリカで狩猟生活を送っていた一部の人々が定住をはじめました。おそらく、作物を育てることを学んだからでしょう。

定住するためには、育てた作物を1年に1回収穫し約1年間貯蔵して食いつながなくてはなりません。しかし、貯蔵庫は収穫物を食べる野ネズミの餌食になりかねません。宇和島市のネズミの大発生でわかるように、私たちの生活はきわめて最近までネズミとの戦いでした。

そんなとき、人の集落の周辺にいたヤマネコは、人家近くに行くのは怖いけれど大好物のネズミはたくさんいることをすぐに覚えました。一方で人間は、やってくるネコたちがネズミを捕らえる「役に立つ動物」だとすぐに感じたのでしょう。

ネコは穀物を食べないですし、食べ物を与えなくても集落の周りをうろうろしていますから、友好関係を結ぶまでに時間はかかりませんでした。ネズミを捕ってくれるネコを追

イヌ
人間と旅をする中で
各地の犬種と交配。
また人間が用途に合わせて人工交配させた

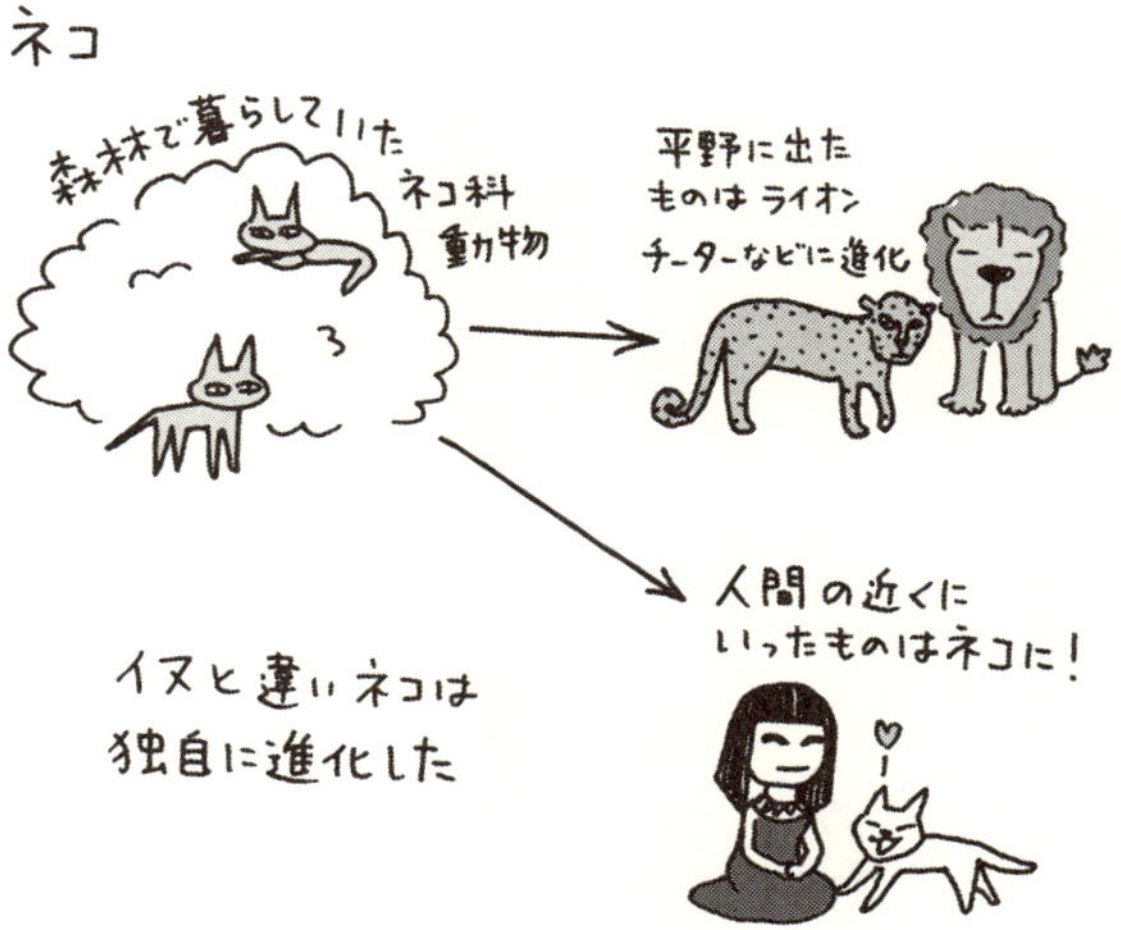
ネコ
森林で暮らしていた
ネコ科
動物
平野に出た
ものはライオン
チーターなどに進化
人間の近くに
いったものはネコに！
イヌと違いネコは
独自に進化した

い払う理由はまったくなかったのです。

やがて人家の物陰で子ネコを生むようになり、それを人間の子どもなどが可愛がる……そんなことが数百年も続いて、イエネコが誕生したのでしょう。

さて、人間と仲良くなったネコたちですが、おなじく人間と暮らしているイヌとは違って、種によっても大きさが一定なのはなぜでしょうか。その理由は、彼らが今も昔も自由主義者だったからだと考えられます。

狩りの相棒となるイヌはしつけなくてはいけませんが、人間と暮らしているネコたちは何も命令しなくてもネズミを捕ってくれました。彼らはあるがままで人間にとってじゅうぶん役に立っていたのです。また、彼らの口に収まらないほど大きなネズミもいなかったので、人間が意図してもっと大型のイエネコを作り出す必要もありません。

もしイエネコが大きくなったとすれば、獲物がネズミから大きなものに変わります。ネコ類は自分の体の大きさに見合った獲物を選ぶからです。家畜・家禽で大きなものとなるとガチョウや子ヤギや子ヒツジになるでしょう。人間にとってはネコはネズミを捕ってくれないと困るのです。

それにイエネコをヤマネコと交配させようとしてもなかなか難しかったのも理由のひとつかもしれません。イヌほどのフレンドリーさがないネコたちは、知らない相手では逃げ出してしまうし、いつ交尾させたらよいのか読むのが難しい部分もあります。

そんな手間をかけても所詮はネズミを捕るだけですから、ネコの大きさを変えたって「労多くして実り少なし」です。そのままでじゅうぶん役に立っているのですから、現代のペットブームでさまざまな種が生まれるまでは、ネコは気楽にのびのびと歴史を歩んできたのです。

定住を始め、ときには別の大陸へと移住を行った人間たちは長い船旅のおともにネコを連れて行きました。かわいい～っと愛でるため……ではなく、貯蔵している食べ物を狙うネズミを駆除してもらうためです。

ネコがいなかった大陸や島の住人たちには、海からやってきた侵入者が抱いている不思議な生き物はなんだ？　と興味をもたれ、盗まれることすらあったようでした。同じ種から進化を遂げ現在でも並列にならべられがちなイヌとネコですが、その道のりはまったく違っているのです。

## ネコのしっぽは流行の最先端

ネコのしっぽはふつう長いものです。では、その「ふつう」というのはどのくらいの長さなのでしょうか。その基準を、祖先種とされるリビアヤマネコに求めてみましょう。その数値は、体長50〜75㎝、尾長21〜35㎝、体重3〜8㎏（『Walkers Mammals of the World』6th Ed' 1999 Johns Hopkins）とあります。21㎝から35㎝の範囲内が、本来のイエネコのしっぽの長さということです。

ですが、動物は家畜化されると劇的に小型化するという傾向があります。たとえば、ウシの祖先種はヨーロッパにいた巨大なオーロックス（原牛）で、肩高は185㎝に達していました。これを古代人は飼い馴らしていたのですが、現在の家畜ウシは肩高150㎝で、祖先種と比べると2割ほど小さくなっています。イヌ、ヒツジやヤギ、ウマなど、みんな小型化しているのが一般的です。

ネコは、家畜になったとはいえ自由気ままな生活を送り続け、人間の都合でほとんど品種の改良が最近まで行われませんでした。そのため、家畜化による小型化はほとんど起こらなかったと考えられます。古代エジプトから出たネコのミイラが、ほとんどが野生種であるリビアヤマネコと同じ大きさだったことからも、小型化が起こらなかったと推測できます。ということは、しっぽの長さも基本的には21〜35㎝だと断定できます。

しかし、現実にはしっぽが短いネコがいます。日本のネコにもちらほら見られるし、アメリカで作出されたジャパニーズ・ボブテイル、イギリスのマンクス、カナダのキムリックといった品種では短尾か無尾であることが品種の基準となっています。

日本のネコの尾が短いのには、実は人間の文化的影響があります。日本のネコの絵画を見てみると、どうやら日本中のネコの尾が長かったのは、江戸時代まででした。平安時代末期から鎌倉時代初期（12〜13世紀）にかけて描かれたとされる後鳥羽上皇の『鳥獣人物戯画』に登場するネコは長尾ですが、江戸時代になると１８５０年前後の浮世絵などに短尾のネコが登場しています。

また、日本猫保存会の平岩由伎子氏が「短尾の出現は鎌倉終期に移入された唐猫が短尾だったという記録もあるが、一般化したのはずっと時代を下って、江戸時代になってから

のことである（『アニマ』1992年4月号平凡社）」と言うように、短尾のネコは日本に生息していたものの、庶民に愛されるようになったのは、江戸時代からのようです。

短尾のネコが一般化した背景には、「猫股伝説」が大きかったとされています。猫股とは、「想像上の怪獣で、猫の目を持って、犬ほどの大きさで、尾が二つに分かれ、よく化けて人に害を与える（大辞林）」というもの。中国の伝承がもととなっています。当時の『本朝食鑑』、『和漢三才図会』などはみなこの説をとっており、老齢の黄色か黒色の雄ネコだといいます。

猫股に関して有名な怪談では、１６７０

（寛文10）年、渋谷・松濤《しょうとう》の下屋敷でおこったとされる「鍋島の猫騒動」というものがあります。恨みを残して自害した女主人にかわって飼いネコが化けて復讐する話で、このネコが猫股だったのだそうです。

もともとは、山中に現れる猫の妖怪として言い伝えられていた猫股ですが、江戸時代には人家で飼われていた猫が化けた姿だといわれるようになり、尾が長いネコは人々から嫌われ、日本のネコは短尾が良しとされるようになりました。つまり文化がネコのしっぽの長短を左右した、というわけです。

## 短尾ネコと長尾ネコ、運動オンチはどっち？

バランサーとしての役割をもつ長いしっぽを有している長尾ネコの方が、短尾ネコよりもバランス感覚は優れていると考えられます。しかし、その他の運動能力については優劣がつくとは思えません。

そもそも短尾ネコがどうやって生まれたかというと、はるか昔の突然変異に話はさかのぼります。突然変異というと、とんでもなく珍しい生き物が唐突に生まれるようなイメージをもたれがちですが、実は毛や目の色、体の大きさなどの小さな変化であっても、突然変異と呼ばれます。大きく言えば、遺伝子のコピーミスや損傷などによって「親と違うものが突然生まれる」こと、それすなわち突然変異というわけです。

歴史上初めてしっぽが短いネコが現れたのはこれが原因で、親は長かったのに短い子ネコが誕生しました。そして、「しっぽが短い」という遺伝子ができあがり、代々受け継がれていきました。

突然変異はすべての野生動物で起こっていますが、多くの突然変異は生存には不利であり、その個体だけで消滅してしまいます。野生の動物というものは環境にうまく適応して生き抜いてきたわけなので、突然現れた異質な形状が環境に不利であれば、生き残るのは難しく自然淘汰《とうた》されてしまいます。ですから、突然変異が残るのは生存に影響のない部分が変わったものだけになるのが一般的です。

しかし、人間が関与すると、突然変異はむしろ珍しいということで大切にされ、遺伝子は残りやすくなります。しっぽが短いネコが大切にされればその遺伝子はあらゆる個体の中に入り込み、変異が加速するのです。本来、バランス感覚においては劣る短尾ネコですが、私たち人間の介入によって、長尾ネコと同様に暮らしているというわけです。すべてのネコのしっぽが短くなったら……今度は長いものを珍重するのかもしれません。それが流行というもので、人間の勝手な都合でしっぽは短くなったり長くなったりするのでしょう。

## 古代人も真似した？　暗闇でギラッと光る瞳の技術

人がネコに影響を与えてばかりか、というと……歴史を紐解くとそんなに一方的な干渉ではなかったかもしれません。たとえば、ネコの美しい眼などは、古代の人間たちがネコを後追いする形で、その技術へ迫っていました。

その特徴とは、光に対する感度のとてもつもない高さです。この性能について、アメリカの獣医マイケル・W・フォックスのある実験を紹介しましょう。

フォックスは2枚の木製の遮光板を用意し、その後ろにそれぞれエサを置き、暗闇の中でネコにエサを探させる訓練をしました。1枚は真っ暗に、もう1枚にはごくかすかな光を当て、おいしい食べ物を隠しておきます。すると、人間が同じことをするのに要する光のわずか6分の1で、ネコはちゃんとエサのある方を当てたそうです。

このように、ネコがネズミのかすかな動きをとらえて居場所を見つけるには星一つ分の明かりで十分ですが、この明るさでは、人間は目の前に手をかざされていることすらわかりません。こんなことができるのは、ネコの眼に高水準の〝光電子増幅器〟がついているからです。

物を見るとき、私たちの眼では向かってきた光を網膜が吸収しています。網膜には、光を受け止める神経細胞がずらりと層をなして並んでいます。この細胞が、光を刺激（神経インパルス）に変換し、脳に伝えているのです。

ネコの場合は人間とは少し異なります。網膜のすぐ裏側に、解剖学でタペータム・ルシドゥム（光る壁紙）と呼ばれる、鏡のような組織がくっついているのです。タペータムはおもに10から20枚くらいの層状をなしており、その成分には、光をよく反射する亜鉛と、ある種のタンパク質を含んでいます。瞳の中にたくさんのミラーが張り巡らされている、と

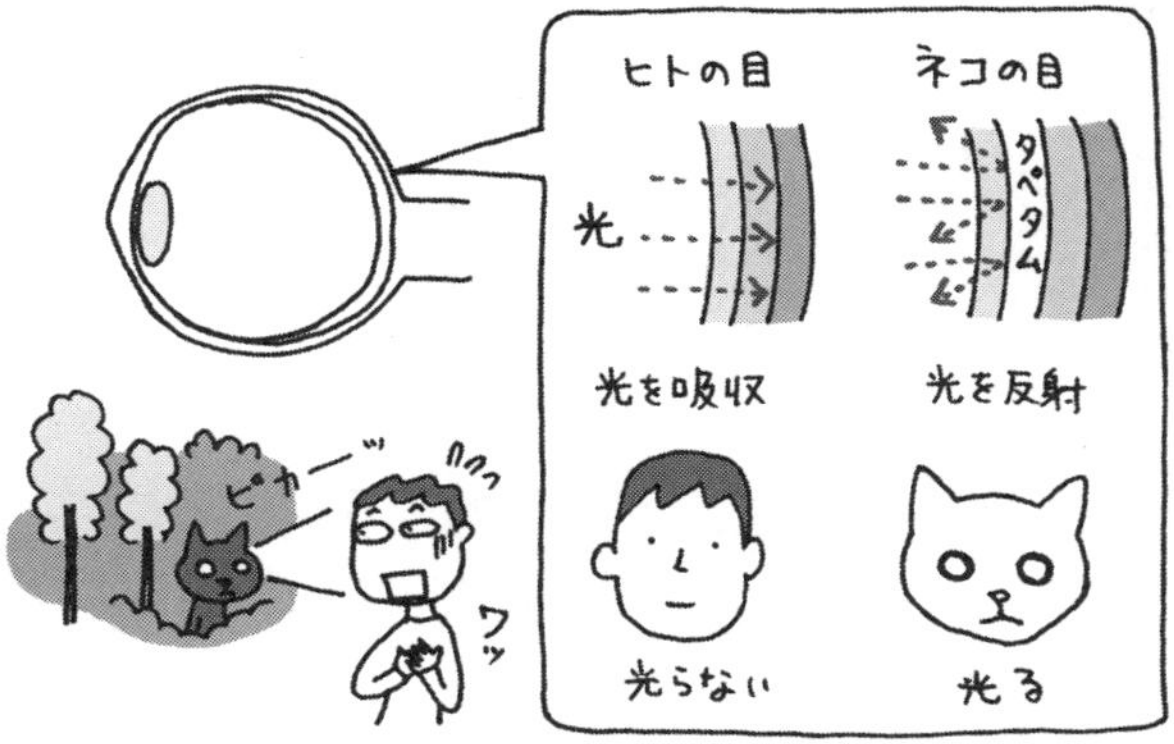


イメージしてみてください。

ネコの眼に光がとび込むと、網膜に吸収されなかった光がこのタペータムによって鏡のように跳ね返されます。

すると、跳ね返された光によって網膜は光刺激を余分に受け取るため、たとえ薄暗がりでも視力が非常に良くなります。自然の巧みな知恵が、眼が受け取る光の量をおよそ50%も増大させるのです。

ネコのタペータムには、もう一つ、驚くべき芸当があります。それが、蛍光を発することです。タペータムにあるグアニンという粒は、波長の短い（人間の眼に見えない）光を受け取ると輝いて、これを可視スペクトルに変える、つまり眼に見えるもっと長い波長に変換することができるのです。

暗闇で人工の光源（たとえば自動車のライト）に照らされて、不気味に光るネコの眼に、ギョッとさせられたことのある方もいるはず。これが、ネコの眼がもつもう一つの特技です。

1845年、ネコの生理学について皮肉混じりの論文を発表したジョヴァンニ・ライベルティというイタリアの医者が、すでにこの光る瞳の現象について卓見を述べています。ライベルティによると、猫の眼は「きわめて弱い、人間の眼には感じ取れない光線を一つの焦点に集め、眼底から跳ね返す。これによって、犠牲者の心臓の血がただちに凍り付く、あの身の毛のよだつような光が発せられる」とのこと。100年以上前から、暗闇で光る二つの瞳に、私たちは驚かされていたのですね。

ちなみに、タペータムの基本構造を調べると、人間の技術と、進化という天才的な設計者とが発想を一つにしていることがわかります。タペータムに含まれている亜鉛は、古代中国において、その反射の性質を利用して鏡の製造に使われていました。亜鉛とほかの物質が結びつくと発光する性質も、テレビのブラウン管や蛍光板などの構造に、頻繁に応用されています。ネコたちが生まれもった特徴を、私たちの技術が後追いしていたというわけです。

さらにいえば、自転車や自動車のお尻についている反射板は通称〝ネコの眼〟とよばれますが、このネコの眼は本物のネコの眼の能力の足下にも及びません。反射装置の〝ネコの眼〟は、光を無数に屈折させ、入射した方向と同じ方向に反射させる、ピラミッド型の〝スプリッター〟が集まったにすぎず、本家本元の発光現象とは縁もゆかりもないのです。

このように、生物学的に驚くべき進化を遂げたネコの眼ですが、カメラのフラッシュなどの強い光線にはあまり強くありません。屋内で愛らしいネコの姿を撮影するときは、この繊細で優れた美しい瞳に敬意を表して、フラッシュ撮影は避けたほうがよいでしょう。

## 3万匹に1匹、奇跡の毛皮を持つ男

黒、白、茶色が混ざった三毛猫は、いわゆる日本のネコイメージに頻繁に用いられます。しかし、その多くはメスであり、オスの三毛猫はわずか3万匹に1匹と、非常にわずかしか存在しません。それは一体なぜなのでしょうか。

この謎を解き明かすには、まず、遺伝子と染色体の話をせねばなりません。ネコに限らずイヌもヒトもクジラも、たくさんの細胞が集まって体が成り立っています。1個1個の細胞には、1個ずつ核があり、その核の中には染色体とよばれる糸のようなものがグシャグシャと丸められて収まっています。染色体の上には遺伝子が乗っていて、目や毛の色、毛の長さなどの形質を遺伝させています。

体の細胞に入っている染色体の数は、同じ形のものが2本ずつペアになっており、ネコは19対で38本、ヒトは23対で46本、イヌは39対で78本などと、動物によって決まっています。

このペアの染色体は、卵子や精子になるとき離ればなれになり、ネコの卵子1個には19本、精子にも19本入った状態になります。卵子と精子が合わさって子どもができるので、合体したときにはちゃんと38本になる、という仕組みです。

ペアの染色体を細かく観察すると、メスでは19対ともペアの長さなどがきれいにそろっています。ところがオスでは18対はそろっているのですが、1対だけ不ぞろいで長いのと短いのがペアになっています。この1対は性染色体と呼ばれる、オス・メスを決定する染色体です。長いものがX染色体、短いものがY染色体と名付けられています。

メスはXXというペアの染色体をもっていて、オスはXYという1対だけそろっていない染色体をもっていることになります。スポーツ競技などでは女性か男性かが問題になることがありますが、性別の判定はこの染色体の様子で判定されます。どんなに見た目の性別が怪しかろうとも、遺伝子はウソをつきません。

ともかく、メスが持つ卵子の中にはすべて、分かれたペアの1本である染色体Xだけが入っています。そしてオスが作る精子には、X1本だけのものと、Y1本だけのものとが半々に混在することになります。

さて、話は三毛ネコに戻ります。ネコの毛色を左右する遺伝子は約9種あり、それらの比率によってどんな色・模様になるかが決まります。そしてなかでも、毛色を茶色や黒色に決定する遺伝子は、X染色体上にしかありません。

性染色体Xには黒色のものと、茶色のものとがあると考えやすいかもしれません。そして、性染色体Yは性別を決めるだけで色は乗っていません。つまり、メスがもつ卵子には黒のXと茶のXがあり、オスにはXとYが入った精子があるので、こちらもやはり黒いXと茶色のX、そして何も乗っていないYの三パターンがあるということ。すると、三毛猫が生まれる可能性は左ページの表のような組み合わせになります。

黒と茶と同様に、白い色となる遺伝子はすべてのXに乗っていると考えれば、この表から三毛は「XX黒・茶」しかいません。すなわち全てメスということになります。オスは黒か茶のどちらかで、三毛にはなりません。

ですが、現実には三毛ネコのオスがまれに産まれます。左ページの表からすれば、オスの三毛猫は存在するはずがないのですし、なぜまれに産まれるのかということはいまだに定説はありません。謎の多いネコの秘密の一つというわけですが、いくつかの説をご紹介

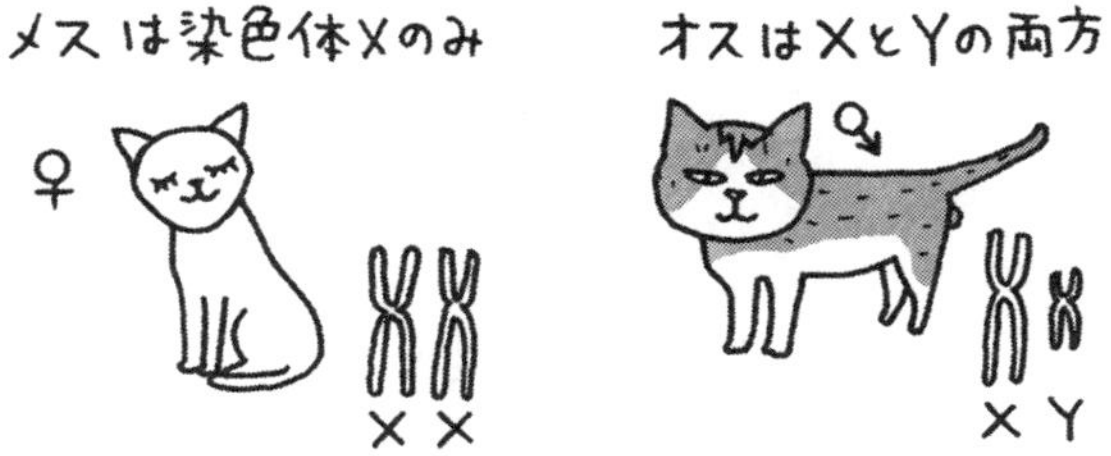
メスは染色体Xのみ
♀
X X
オスはXとYの両方
♂
X Y

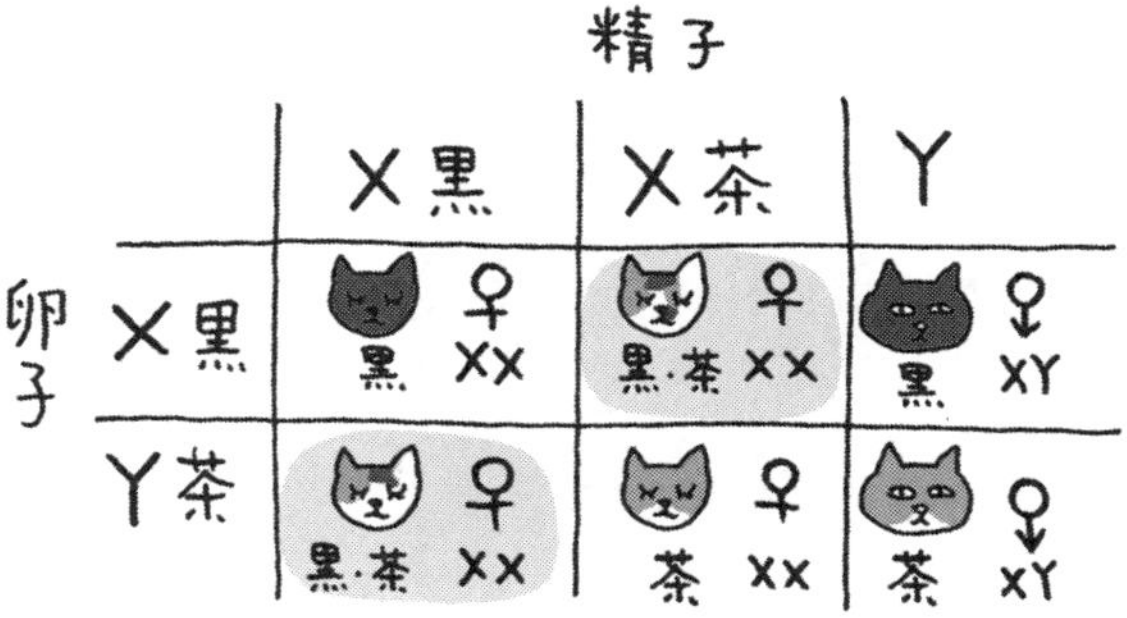
精子
X黒
X茶
Y
卵子
X黒
♀ 黒 XX
♀ 黒・茶 XX
♂ 黒 XY
Y茶
♀ 黒・茶 XX
♀ 茶 XX
♂ 茶 XY

ミャー
茶色
黒色
白ブチの命令
それぞれの色がX染色体の命令で発生

しましょう。

一つには、本当はメスなのだが、生殖器が奇形的にオス仕様になったものであろうという考え方です。また、精子の中でXとYが切れた後でまたつながるというような組み替えが偶然起こり、本来は色を出すはずがないYの方に、黒あるいは茶の遺伝子が移ったために三毛ネコのオスが現れたのではないか、という説もあります。

もう一つは、三毛のオスというのはＸＸＹというように染色体が多くなっているのではなかろうかというもの。染色体が多いのは完全な奇形であり、クラインフェルター症候群という名もついています。卵子や精子ができるときにペアの染色体がうまく分裂できず、通常ならX卵子、X精子、Y精子になるところ、ＸＸ卵やＸＹ精子がつくられてしまう場合に起こります。しかし、三毛ネコのオスの場合は、現在のところ研究材料が少ないので十分研究されておらず、すべてが説に過ぎないのです。

## 人の死を予知？　不思議に満ちたネコの能力

鼻が利くイヌの場合、「犬の鼻、がん患者の尿識別　英医学誌が発表（2004－09）」、「がん探知犬、においで患者ピタリ……精度9割超：九大」（2010－12）、「がん探知犬訓練中、患者の呼気嗅ぎ分け9割的中：千葉県南房総市にある施設」（2011－02）などの記事を読んでも、訓練すればあり得る話だと納得してしまい、あまり驚かれないかもしれません。ところが、ネコが同じような能力を持っているとなると、みなさん驚きの目を向けるようです。

2007年のこと、アメリカ東部、ロードアイランド州の養護・リハビリセンターで飼われていた2歳のネコ〝オスカー〟は、死期の近い患者を予知したといいます。

同センターの老人病専門医デービッド・ドーサ氏が『ニュー・イングランド・ジャーナル・オブ・メディシン』誌で明らかにしたところによると、オスカーは定期的に患者を「回診」したといいます。その際、患者を覗き込んで少し鼻をひくひくさせて匂いを嗅ぎ、そのまま通り過ぎるか、またはその患者のそばで体を丸めて横になったそうです。

オスカーが体を丸めて横になった患者は必ず亡くなることがわかったため、職員は直ちに家族の呼び寄せや牧師の手配を開始したのだそうです。その正確さは、ドーサ氏が、「3階でオスカーが通り過ぎた患者で死んだ者はいない」と書いていることからも明らかです。

ドーサ氏はこのようにして、25人以上の患者を見送りました。患者にはまだこのことは知られていません。オスカーにどうしてこのような予知能力があるのかは説明されていませんが、同センターの医師や職員がオスカー君に付けた別名は「死の天使」だとか。

オスカーの不思議な行動を推理してみましょう。まず、施設内を「回診」するのは自分の行動圏内のパトロールであり、あらゆる地点の情報を頭に刷り込んでおく習性があるからです。もちろん、患者たちも行動圏内の一部にいるので、彼らの匂いを嗅いでチェックしていたのだと考えられます。

わからないのは患者のそばに座り込むことです。勝ち取った獲物のそばに居座る感覚でもなく、子どもに寄り添う母ネコの気分でもないでしょう。「予知」というのは言葉のあやで、ネコは死を予知しているわけではありません。

ならば、特殊な匂いを発する新しい生き物を見つけて居座り、観察しようとしたのかとも考えられますが、それにしてはネコの動きが穏やかなので、どうにも腑に落ちません。まだまだネコの行動には未知の領域が少なくないのです。

## ネコの世界と人の世界を橋渡しする、科学のチカラ

不思議に満ちたネコの習性と能力ですが、私たち科学者だって手をこまねいて見ているわけではありません。ネコと人の世界をお互いにとってより良くするため、その橋渡しとなるよう科学者たちは日々研究しています。

たとえば、ネコの味覚について。第一章で、ネコの舌には基本的に酸っぱさ、苦さ、塩辛さで、そしてアミノ酸（脂肪酸）、これらに加えて水を味わう能力が備わっており、特にアミノ酸には敏感に反応するとご紹介しました。

十把一絡《じっぱひとから》げにアミノ酸といっても、ネコにとって好きなアミノ酸と嫌いなアミノ酸があるようです。ネコが好きなアミノ酸を人間が舐めてみると非常に甘く感じられ、ネコが嫌

うアミノ酸はとても苦い感じがするといいます。ではネコは日々の食事で甘味を感じているのかというと、どうもそうでもないようです。人間が甘いと感じる砂糖などの甘味に対して、ネコはまったく反応しないのです。

と言うと、人間とネコの味覚世界は、とてもかけ離れているかのように思えますが、近年、両者の共通点となるような研究結果が明らかになりました。2015年7月、アメリカのパデュー大学の研究チームが、脂肪酸を「脂味（Oleogustus）」として第6の味覚だとする説を発表しました。ある研究では、102人に対して脂肪酸を含む液体と含まない液体を与えて区別させたところ、ほとんどの人が脂肪酸の入っている方をはっきりと区別することができたといいます。

従来の研究では、脂は「味覚刺激物」ではなく、あくまで食感（脂っこさ）に影響を与えているだけ、という見方が大勢を占めていました。しかしこの実験により、脂（脂肪酸）にはただ食感を変化させるだけでなく、苦味や酸味、うま味などとも違う、独特の味覚を引き起こす要素があることが証明されたのです。

この発見は、ネコの味覚の理解に科学が一歩近づいたように感じられます。ネコがさまざまな肉質を微妙に識別している味覚を、人間も感じていたということです。

人間は雑食性であるため、脂味に対する感覚が強くありません。対して、大人のネコは1日当たりのエネルギー所要量の少なくとも12％がタンパク質でなければなりません。そのため、脂味に対する感覚が強いとも考えられます。ネコは人間とはかなり異なった味覚の世界に生きていますが、それぞれの世界を理解するきっかけに科学が大きく貢献しているのです。

イースト新書Q

Q007

# 猫《ねこ》はふしぎ

今泉忠明《いまいずみただあき》

2015年 9 月20日　初版第1刷発行
2015年10月11日　初版第2刷発行

イラストレーション　坂木浩子（株式会社　ぽるか）
編集　安田薫子
DTP　小林寛子
発行人　北畠夏影
発行所　株式会社イースト・プレス
東京都千代田区神田神保町2-4-7
久月神田ビル　〒101-0051
tel.03-5213-4700　fax.03-5213-4701
http://www.eastpress.co.jp/
ブックデザイン　福田和雄（FUKUDA DESIGN）
印刷所　中央精版印刷株式会社


ISBN978-4-7816-8007-1